Claudia Schmitz
Erfolgreich ausbilden im digitalen Zeitalter

Claudia Schmitz

ERFOLGREICH AUSBILDEN IM DIGITALEN ZEITALTER

So finden und entwickeln Sie die Mitarbeiter der Zukunft

Das Handbuch für die Ausbildung 4.0

GABAL

Externe Links wurden bis zum Zeitpunkt der Drucklegung des Buches geprüft. Auf etwaige Änderungen zu einem späteren Zeitpunkt hat der Verlag keinen Einfluss. Eine Haftung des Verlags ist daher ausgeschlossen.

Bibliografische Information der Deutschen Nationalbibliothek

Die Deutsche Nationalbibliothek verzeichnet diese Publikation in der Deutschen Nationalbibliografie; detaillierte bibliografische Daten sind im Internet über http://dnb.d-nb.de abrufbar.

ISBN 978-3-96739-005-6

Lektorat: Susanne von Ahn, Hasloh
Umschlaggestaltung: Martin Zech Design, Bremen | www.martinzech.de
Autorenfoto: Maxi Uellendahl
Satz und Layout: Das Herstellungsbüro, Hamburg | www.buch-herstellungsbuero.de
Druck und Bindung: Salzland Druck, Staßfurt

Wir drucken in Deutschland.

www.gabal-verlag.de
www.facebook.com/Gabalbuecher
www.twitter.com/gabalbuecher
www.instagram.com/gabalbuecher

PEFC zertifiziert
Dieses Produkt stammt aus nachhaltig bewirtschafteten Wäldern und kontrollierten Quellen.
www.pefc.de

Inhalt

4 Ausbildungsmarketing

5 Azubi-Auswahl

6 Ausbildungsbetreuung

Ein paar Worte vorweg

Vier Punkt Null – was ist eigentlich gerade nicht 4.0? Nun auch noch die Ausbildung? Oder ist das doch nur wieder ein Marketing-Buzzword? Hier geht es nicht darum, einfach ein modernes Ausbildungsbuch zu schreiben, bei dem alles Altbekannte mit digitalen Tools aufgehübscht wird. Es geht vielmehr darum, die Ausbildung im Kontext von verschiedenen Einflüssen ganzheitlich zu betrachten und Ihnen Ideen für die einzelnen Bereiche mitzugeben – sowohl analog als auch digital.

Akademisierung, Digitalisierung, Fachkräftemangel, gesellschaftliche Entwicklungen, globale Krisen und eine Generation von Jugendlichen, die ein anderes Wertesystem mit sich bringt, sind aktuelle wie zukünftig zunehmende Herausforderungen in der dualen Berufsausbildung. Im beruflichen Alltag kommt es daher häufiger zu Konflikten zwischen den verschiedenen Generationen, die gelöst werden müssen. Durch diese Einflüsse müssen sich sowohl KMU als auch große, bis jetzt noch gut bekannte Unternehmen auf dem Markt aktiv um Nachwuchs bemühen. Die Inhalte der Ausbildung müssen unter dem Stichwort »Industrie 4.0« überprüft und methodisch angepasst werden. Aber auch Nicht-Industrieunternehmen sind diesen Einflüssen unterworfen und müssen sich neu aufstellen, wenn sie in Konkurrenz zu anderen stehen und Auszubildende im Home-Office digital lernen und arbeiten müssen.

Diese Themen sind schon länger spürbar, wurden aber von vielen Unternehmen vernachlässigt und nicht rechtzeitig angegangen. Das Ergebnis: Viele Unternehmen finden nicht mehr so einfach und schnell die passenden Auszubildenden und die Zahl der Ausbildungsabbrüche stagniert über die letzten Jahre auf hohem Niveau – bei 25,7 Prozent 2017, verteilt über alle Berufsbilder (BMBF, Berufsbildungsbericht 2019, S. 14).

Zusätzlich verändern sich in vielen Ausbildungsberufen die Anforderungen der Arbeitswelt: Industrie 4.0. und neue Anforderungen im Fachbereich sind Stichworte. Die Ausbildungsrahmenpläne und entsprechende schulische Curricula passen sich nur langsam an. Das lässt viele Ausbildungsverantwortliche mit offenen Fragen alleine, denn zusätzlicher, innerbetrieblicher Unterricht muss organisiert werden.

Die Corona-Krise hat die Auseinandersetzung mit digitalem Lernen und Lehren sowie neuen Konzepten und Prozessen in der Ausbildung beschleunigt. Daraus ergeben sich die Erarbeitung eines neuen Ausbildungskonzeptes und eine neue Herangehensweise bzw. Betrachtungsweise des Themas Ausbildung im Unternehmen.

In diesem Buch werden daher alle Bereiche der Ausbildung von der Ausbildungsplanung bis zur Übernahme der Azubis betrachtet. Zunächst werden die Begrifflichkeiten rund um Ausbildung 4.0 definiert und das Bild einer neuen Ausbildung wird dargestellt (s. Kapitel 1: Warum Ausbildung 4.0?).

Dazu werden die Rollen und Aufgaben der verschiedenen Akteure wie das Ausbildungspersonal, Auszubildende, Zuständige Stelle, Berufsschullehrer und Eltern in der Berufsbildung beleuchtet (s. Kapitel 2: Akteure in der Berufsausbildung 4.0). Zu Beginn der praktischen Umsetzung eines Ausbildungskonzeptes stehen die Entwicklung einer Strategie, die Ausbildungsplanung und das Ausbildungscontrolling (s. Kapitel 3: Ausbildungsstrategie, -planung und -controlling). Das nächste Kapitel widmet sich dem zentralen Thema Ausbildungsmarketing, bei dem insbesondere die strategische Herangehensweise als auch der Einsatz von Social Media betrachtet werden (s. Kapitel 4: Ausbildungsmarketing).

Nach dem Gewinnen von Bewerbern gilt es, sie sinnvoll auszuwählen, womit sich das Kapitel 5, Azubi-Auswahl beschäftigt. Ausbildungsabbrüche und verschiedene Zielgruppen in der Ausbildung erhöhen den Betreuungsaufwand und bringen Besonderheiten mit sich (s. Kapitel 6: Ausbildungsbetreuung).

Die Vermittlung neuer Lerninhalte und Kompetenzen sowie die Möglichkeiten neuer Methoden und Tools wie Mobile Learning, Augmented Reality (AR) und Virtual Reality (VR) stellen die Ausbildung auf den Kopf. Inhalte und Methoden werden kritisch nach den Anforderungen an Kompetenzen hinterfragt. Die notwendige Qualifizierung des Ausbildungspersonals gerät zunehmend in den Fokus (s. Kapitel 7: Ausbildungsinhalte und -methoden). Den Abschluss des Buches bilden der Blick auf die nächsten Schritte hin zur Ausbildung 4.1 und Fragestellungen, die sich Ausbildungsverantwortliche je nach Reifegrad der eigenen Organisation stellen müssen (s. Kapitel 8: Ausbildung 4.1).

Dieses Buch stellt einfache, umsetzbare Tipps für die Optimierung der Berufsausbildung zur Verfügung. Mithilfe von Checklisten und Leitfragen lassen sich konkrete Handlungsmaßnahmen ableiten. Zudem klärt es auf, wie neue Medien gezielt zur Verbesserung aller Ausbildungsbereiche eingesetzt werden können, ohne bewährte Methoden über Bord zu werfen oder Ausbilder und Auszubildende zu überfordern. Im Glossar am Ende des Buches können Sie unklare Begriffe nachschlagen.

1 Warum Ausbildung 4.0?

Zu Recht fragen Sie sich, was das 4.0 hinter dem Begriff Ausbildung nun wieder bedeutet. Vorweg: Es hat seine durchdachte Berechtigung in der Industrie, die nun mal Vorreiter für andere Branchen ist, und kann für die anderen Branchen als ganzheitliche Weiterentwicklung der Ausbildung verstanden werden.

Einflüsse auf die duale Berufsausbildung

Im Vergleich zu vor zehn Jahren haben sich viele Aspekte in der Berufsausbildung verändert. Eine Herausforderung macht sich bei den meisten Unternehmen und Institutionen besonders bemerkbar: passende Auszubildende in ausreichender Anzahl zu finden und diese fit für den Fachbereich zu machen. Dies hat mit verschiedenen Einflüssen zu tun, die auf die duale Berufsausbildung einwirken.

Zunächst hat der gesellschaftliche Wandel hin zur *Akademisierung* eine immense Auswirkung auf die Einstellung von Schülerinnen und Schülern wie auch auf die Dauer und die Anforderungen, die an Bewerber gestellt werden. Akademisierung bezeichnet den Trend, dass Schülerinnen und Schüler sich eher für ein Studium oder ein duales Studium entscheiden als für eine Ausbildung. In der Grafik auf folgender Seite ist zu sehen, wie stark dieser Trend ist, auch wenn er sich nun wieder etwas beruhigt hat.

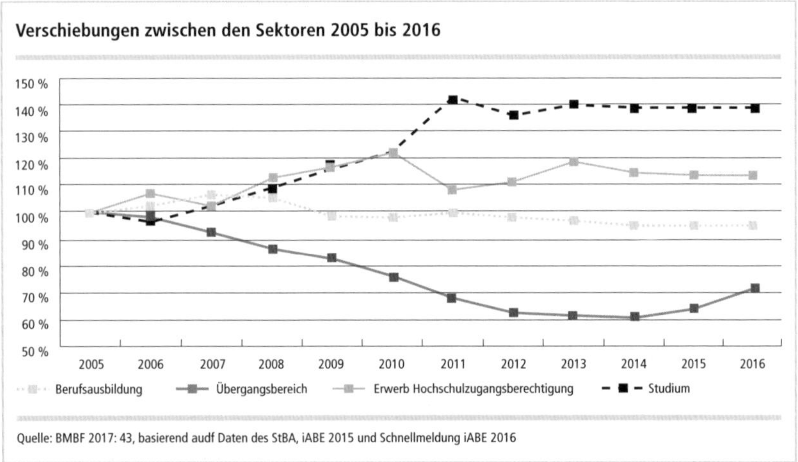

Abbildung 1: Anstieg der Studierenden

Hinter der Akademisierung steckt auch das Vorurteil gegenüber der Ausbildung, das Eltern und Lehrkräfte den Schülern bei der Berufsberatung oft mitgeben. Vermeintlich werden Akademiker besser bezahlt und bekommen leichter einen Job. Was die Bezahlung betrifft, stimmt dies etwa im Vergleich von einem Facharbeiter zu einem studierten Ingenieur. Aber aktuell hat ein Meister oder Techniker auf dem Arbeitsmarkt deutlich bessere Chancen als ein studierter Kunstwissenschaftler. In diesem konkreten Fall verdient er auch sein Leben lang mehr Geld.

Dennoch ist das Bild von Ausbildung landläufig: schlechteres Einkommen, anstrengende (teils) körperliche Arbeit, Schichtarbeit und anspruchslose Routineaufgaben. Unterstützt wird der Trend auch dadurch, dass Abiturienten und Fachabiturienten eine Ausbildung häufig nur als Basis für ein späteres Studium begreifen. Die Auswirkungen für die duale Berufsausbildung sind: weniger qualifizierte Bewerber, kürzere Verweildauer der Auszubildenden und eine stärkere Mischung aus verschiedenen Milieus, die unterschiedlich angesprochen werden müssen.

Überqualifizierte, ehrgeizige Auszubildende, die kaum im Betrieb zu halten sind, treffen auf schlechter Qualifizierte, die zum einen im sozialen Umgang mit Kunden und Kollegen Unterstützung benötigen, zum anderen Schwierigkeiten haben, sich die fachlichen Inhalte anzueignen.

Im gleichen Zuge wird der *Fachkräftemangel* genannt. Insbesondere in gewerblich-technischen sowie Pflegeberufen macht sich der Fachkräftemangel auch in der Ausbildung bemerkbar. Die Bewerberzahl nimmt aufgrund der Akademisierung wie aufgrund der Tatsache, dass es aktuell weniger Schülerinnen und Schüler gibt, die sich überhaupt bewerben könnten, ab. Laut Statistischem Bundesamt nimmt die Geburtenzahl in den letzten Jahren zwar zu, die Geburtenjahrgänge waren vor 15 Jahren jedoch sehr niedrig. Dies sind die Geburtenjahrgänge der derzeitigen potenziellen Auszubildenden.

In der Grafik ist deutlich zu erkennen, dass wir das Tal noch vor uns haben:

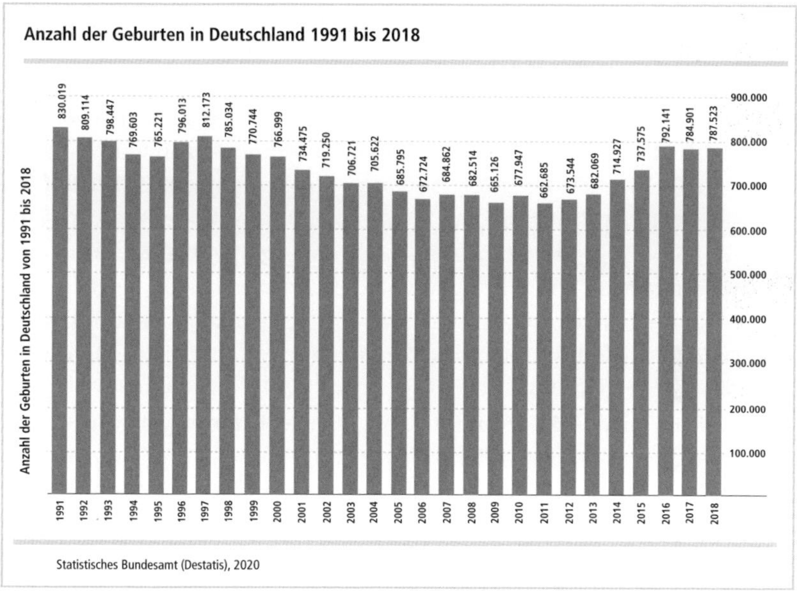

Abbildung 2: Anzahl der Geburten in Deutschland von 1991 bis 2018

Faktisch gibt es kaum Mangel an arbeitssuchenden Personen und offenen Stellen. Im Jahr 2018 wurden bundesweit insgesamt rund 589.100 duale Ausbildungsplatzangebote registriert (BIBB, 2019, S. 7).

Dem stehen 610.000 Ausbildungsplatznachfragen gegenüber. Jedoch blieben 2018 57.700 Ausbildungsstellen unbesetzt, was der höchste Wert seit 1994 ist.

Es liegt ein Passungsproblem vor: Die Anforderungen der Unternehmen passen nicht zu den Vorstellungen bzw. Fähigkeiten der Bewerber. Beispielsweise gibt es offene Stellen im Allgäu für Personen, die in Niedersachsen leben und dort keinen Ausbildungsplatz im ländlichen Raum finden. Andersherum suchen Unternehmen bei Auszubildenden immer noch nach Abiturienten, die nach der Ausbildung Sach- und Facharbeiterstellen übernehmen sollen. Hier gehen die Vorstellungen der gut Qualifizierten und die des potenziellen Ausbildungsbetriebes stark auseinander. Zum Teil sind die in der Schule vermittelten Kenntnisse nicht mit den neuen Anforderungen in der Wirtschaft mitgewachsen. Früher reichte ein Haupt- oder Realschulabschluss für die meisten Berufsbilder aus. Heute benötigen viele Mitarbeiter in technischen Berufen erweiterte Kenntnisse in Mathematik, um die Inhalte der Ausbildung zu verstehen und später anwenden zu können.

Zusätzlich hat die Vielzahl an nun möglichen Ausbildungsberufen (2019: 326, Statista 2019) mit einer noch höheren Anzahl von Schwerpunkten und Spezialisierungen sowie an Studiengängen (2019: 20.029, Statista 2019) und unzähligen Möglichkeiten an dualen Studiengängen (2016: 1.592, Statista 2019) auch dazu geführt, dass unter den Bewerbern falsche Vorstellungen von den Berufen bestehen. Beispielsweise ist noch nachvollziehbar, was ein Kfz-Mechatroniker macht. Aber wie der Arbeitsalltag eines Verfahrensmechanikers aussieht?

Ein Einfluss, der auf der Hand liegt, aber auf den ersten Blick weit weg vom allseits gelobten deutschen Erfolgsmodell »duale Berufsausbildung« ist, ist die *Globalisierung*. Fabriken und Firmenstandorte sind ins Ausland verlagert worden und haben damit insbesondere deutsche Facharbeiter ihren Job gekostet. Darüber hinaus arbeiten Monteure häufiger im Ausland, um dort Anlagen oder andere Standorte zu betreuen. Routinierte Aufgaben wie z. B. Sekretariatsaufgaben, telefonische Gesprächsannahme sowie Teile der Verwaltung können mittlerweile aus Unternehmen ausgelagert werden. Damit ist die Ausbildung in kaufmännischen Berufen für Unternehmen immer weniger attraktiv, da Sachbearbeiter für einzelne Aufgaben zu teuer sind. Kaufmännische Mitarbeiter spezialisieren sich darum umso mehr und müssen immer komplexere Aufgaben übernehmen. Die Spezialisierung von Ausbildungsberufen nimmt von daher zu und insbesondere »neue« Berufe wie der Fachinformatiker werden in vielen auch Nicht-IT-Unternehmen ausgebildet.

Neben all diesen Faktoren ist jedoch insbesondere ein Trend zu nennen, der ganze Industrien revolutioniert und auch vor dem Thema Ausbildung nicht Halt macht: *Digitalisierung* – ein Begriff, der aus keiner Tageszeitung, Fachkonferenz oder Diskussion wegzudenken ist. Auch dieser Buchtitel gibt einen Hinweis darauf, dass es um die Verbindung von Ausbildung und Digitalisierung gehen mag. Digitalisierung in der Ausbildung verändert vieles: Berufsbilder, die Rolle des Ausbilders, Lernmöglichkeiten, Prozessdokumentation, Attraktivität des Ausbildungsbetriebs, Notwendigkeit von neuen Kompetenzen, Umgang mit komplexen Problemen und Veränderungen usw.

IT-gestütztes Arbeiten macht vor keinem Unternehmen und keiner Institution Halt. Roboter, die in der Produktion unterstützen, sind mittlerweile alltäglich. Für kaufmännische Angestellte ist der PC zum hauptsächlichen Arbeitsgerät geworden. Dies wird insbesondere dann bewusst, wenn beispielsweise der Computer nicht funktioniert – eine Vielzahl an Arbeitnehmern kann so nicht arbeiten. Darüber hinaus werden Prozessoren immer besser und schneller. Beispielsweise kann ein Smartphone heute deutlich mehr als ein leistungsfähiger PC vor zehn Jahren. Hardware wird immer leistungsfähiger und Software immer einfacher, sodass diese vielfach unterstützen können. Künstliche Intelligenz und cyberphysische Systeme können massive Datenmengen auswerten. Daten können etwa zur Optimierung der Auslastung von Maschinen und Logistik genutzt werden. Beispiele, wie digitale Methoden und Werkzeuge beim Ausbildungsmarketing oder auch in der Ausbildung selbst unterstützen können, werden in diesem Buch betrachtet.

Sachbearbeiter und Facharbeiterinnen werden zukünftig ganz andere Aufgaben wahrnehmen und daher müssen Auszubildende bereits in der Ausbildung auf die veränderten Berufsbilder und Geschäftsfelder vorbereitet werden. Neben den Potenzialen, die sich für die Vermittlung von Lerninhalten in der Ausbildung bieten, bedarf es insbesondere auch der Vermittlung digitaler Kompetenzen, damit sich Auszubildende neue Technologien aneignen können. Zudem spielt die Digitalisierung eine Rolle bei der Berufswahl: Für viele Bewerber und deren Eltern ist es wichtig, dass der Beruf zukunftsträchtig ist und nicht von Technologien oder Robotern ersetzt wird.

2020 wurden auch die Bedeutung und der Einfluss von *globalen Krisen* durch COVID-19 deutlich. Von heute auf morgen sorgte die ausgelöste Pandemie für geschlossene Ausbildungszentren, Ausbildung im Split-System, Azubis im Home-Office, digitale und nicht digitale Berufsschulen und eine große Überforderung der dualen Berufsausbildung mit digitalem Lernen und Lehren wurde deutlich. Schnelle Lösungen mussten her und haben die Ausbildung in vielen Teilen stark verändert. Noch ist diese Krise nicht ausgestanden und weitere globale Krisen werden folgen, auf die sich auch die duale Berufsausbildung vorbereiten muss.

Begriffsdefinition: Ausbildung 4.0 und Industrie 4.0

Was bedeutet nun Ausbildung 4.0? Dazu gibt es verschiedene Definitionen. Es geht zum einen um eine moderne Ausbildung, die konkrete Antworten auf Herausforderungen wie Fachkräftemangel, demografischer Wandel, Globalisierung, Krisen und Digitalisierung gibt. Diese Herausforderungen sind bereits aktuell vorhanden und liegen nicht in allzu ferner Zukunft. Die Ausbildung sorgt für den Nachwuchs von Fachkräften im Unternehmen, um dieses für die Zukunft zu sichern. Diese moderne Ausbildung bringt eine Vielzahl neuer Herangehensweisen und Methoden mit sich.

Ausbildung 4.0 leitet sich zudem vom Begriff »Industrie 4.0« ab und beschreibt somit die Ausbildung im Rahmen der Industrie 4.0. Mit Industrie 4.0 wird die vierte industrielle Revolution bezeichnet. Häufig wird diese industrielle Revolution auch als digitale Revolution definiert. Die Bezeichnung 4.0 erinnert an Versionsnummern von Software oder Betriebssystemen. In Abgrenzung zur dritten industriellen Revolution, die, wie in der Grafik auf Seite 19 oben zu erkennen, auch bereits digitale Aspekte umfasst, beschreibt die vierte industrielle Revolution nicht nur IT, sondern vernetzte Maschinen, die selbstständig miteinander kommunizieren können.

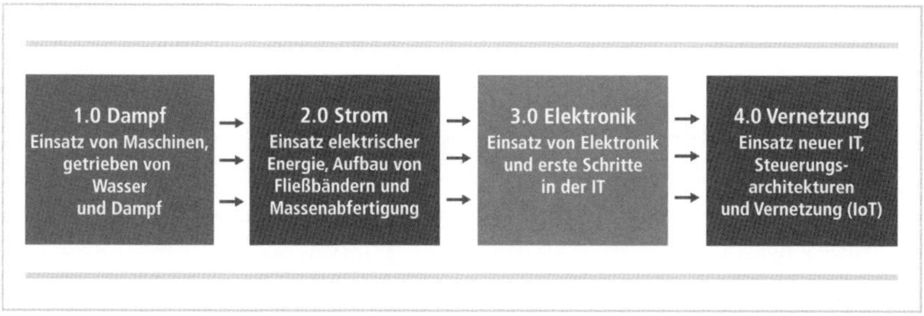

Abbildung 3: Die vier industriellen Revolutionen

Ausbildung 4.0 ist somit die Antwort der Ausbildung auf die neuen Aspekte von vernetzten Maschinen. Dies ist insbesondere im Maschinenbau und in der Elektroindustrie relevant (M+E-Industrie). Es betrifft auf den ersten Blick nur Auszubildende aus der Industrie, aber die Vernetzung ändert mit all ihren Einflüssen sämtliche Berufsfelder grundlegend und unumstößlich, sodass auch die Aufgabenfelder von kaufmännischen Auszubildenden, von handwerklichen Auszubildenden wie auch von Pflegekräften massiv beeinflusst werden. Genauer bestimmt die Ausbildung 4.0 folgende Bereiche, auf die in den einzelnen Kapiteln noch tiefer eingegangen wird:

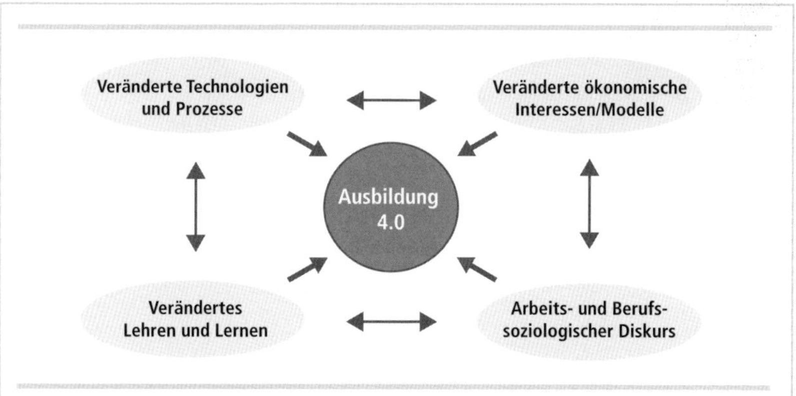

Zinn, 2015; http://www.journal-of-technical-education.de/index.php/joted/article/view/56/68

Abbildung 4: Angelehnt an Bedingungsvariablen der Ausbildung 4.0

Diese vier Bereiche betreffen zunächst die strategische, also mittel- bis langfristige Ausrichtung der Ausbildung im Unternehmen. Sie haben darüber hinaus Auswirkungen auf die Art und Weise der Ausbildung in Form von Methoden und genutzten Technologien. Digitale Hilfsmittel bieten Möglichkeiten in der Ausbildung in Bezug auf Ausbildungsplanung, Controlling, Ausbildungsmarketing, Recruiting und Auswahl, Ausbildungsmethoden, Betreuung und Onboarding bzw. Offboarding.

Alles digitalisieren, und fertig ist die moderne Berufsausbildung? Wenn Ausbildungsverantwortliche über das Thema Ausbildung 4.0 sprechen, dann geht es meist darum, möglichst schnell digitale Einzelmaßnahmen umzusetzen. Da werden Tablets für die Azubis angeschafft und eine teure E-Learning-Plattform installiert. So richtig weiß keiner, was man damit anfangen soll. Häufig müssen Tablets zunächst einmal aufgesetzt und mit einer sicheren Internetverbindung ans interne Netzwerk angeschlossen werden. Die E-Learning-Plattform muss dann Stück für Stück mit Inhalten gefüllt werden. Wie das geht und was da genau abgebildet werden soll, weiß auch keiner so genau. Kurzum: Die Tablets liegen irgendwann in der Ecke und die Plattform verwaist.

Eine moderne, innovative Berufsausbildung ist nicht durch kleine Maßnahmen und die Anschaffung von Hard- und Software zu schaffen; sie ist ein ganzheitliches Konzept, das mit vielen kleineren Maßnahmen beginnen sollte, aber grundsätzlich eine Strategie verfolgt (s. Kapitel 3: Ausbildungsstrategie, -planung und -controlling).

> Stellen Sie sich als Ausbildungsverantwortlicher die folgende Frage:
> Wie betreffen diese Bereiche meinen Ausbildungsbetrieb und damit auch einzelne Bereiche der Ausbildung?

Ausbildung als Dienstleistung: Vom Finden bis zur Übernahme

Berufsausbildung hatte bis vor wenigen Jahren das Ziel, Nachwuchs selbst auszubilden und sich gesellschaftlich zu engagieren. Eine strategische Bedarfsplanung, die verschiedene Bedarfsanalysen voraussetzt, taucht erst seit Kurzem als Thema in der Ausbildung auf. Da Fachkräfte auf dem externen Arbeitsmarkt immer schwieriger zu finden sind, gewinnt die betriebliche Ausbildung an Bedeutung. Die (inner-) betriebliche Berufsausbildung tritt als Dienstleistung für die Fachbereiche nun stärker in den Vordergrund.

▷ **Der Fachbereich ist der interne Kunde der betrieblichen Berufsausbildung.**

Neben dem Vermitteln von Inhalten der Ausbildungsordnung gilt es nun, Auszubildende passgenau auf den Fachbereich vorzubereiten, damit dieser den Ausgelernten möglichst schnell als Sachbearbeiter oder Facharbeiterin einsetzen kann. Spezielle fachliche und soziale Kompetenzen mit Bezug zum Fachbereich, digitale Kompetenzen und gegebenenfalls Inhalte für weiterführende Karriereschritte müssen nun zusätzlich in der Ausbildung vermittelt werden.

Nicht selten sind notgedrungen Meisterstellen für Auszubildende bereits ein Jahr nach Ausbildungsende vorgesehen. Diese können sie aber nur mit entsprechender Vorbereitung einnehmen. Wie Auszubildende, die zu Beginn der Ausbildung nicht immer die geeigneten Voraussetzungen mitbringen, sich nun zusätzliche Kenntnisse, Fertigkeiten und Fähigkeiten aneignen sollen, muss die duale Berufsausbildung lösen. Hier kommen die digitalen Hilfsmittel sowie eine ganzheitliche Strategie als Schlüssel ins Spiel. Es ist ein holistischer Kreislauf, beginnend mit dem Finden der Ausbildungsinteressierten bis zur Übernahme und auch darüber hinaus.

Checkliste: Vorüberlegungen zu Ausbildung 4.0

Veränderte ökonomische Interessen / Modelle

- ☐ Wie ist unsere Organisation aktuell aufgestellt?
- ☐ Welche Herausforderungen hat die Organisation gerade zu bewältigen?
- ☐ Wie lautet das Geschäftsmodell?
- ☐ Wie lautet die Unternehmensstrategie?
- ☐ Welche Konsequenzen ergeben sich aus den ökonomischen Interessen und Modellen für die duale Berufsausbildung?
- ☐ Wie stark trifft eine globale Krise das Unternehmen? Wie sehr ist es vorbereitet?

Arbeits- und berufssoziologischer Diskurs

- ☐ Welche Anforderungen und Qualifikationen benötigen Fachkräfte heute und in Zukunft?
- ☐ Wie werden diese im Ausbildungsbetrieb abgedeckt und entwickelt?
- ☐ Wie decken die berufsschulischen Curricula die aktuellen und zukünftigen Anforderungen im Betrieb ab?
- ☐ Welches Ausbildungssystem ist dafür notwendig?

Verändertes Lehren und Lernen

- ☐ Wie erleben Sie das Lernverhalten der jungen Generation?
- ☐ Wie bilden und entwickeln sich Ausbilder und Ausbildungsbeauftragte weiter?
- ☐ Welche neuen Lernumgebungen ergeben sich daraus?
- ☐ Wie verändern sich die Rollen des Ausbildungspersonals?

Veränderte Technologien und Prozesse

- ☐ Welche Technologien verändern die Arbeitsweisen und die Kommunikation?
- ☐ Wo und wie spielt Datensicherheit eine Rolle?
- ☐ Wo werden Daten generiert und genutzt?
- ☐ Welche neuen intelligenten Maschinen, welche Hardware und Software gibt es in Ihrer Branche?

Diese Vorüberlegungen sind hilfreich für die Übertragung der Buchinhalte auf Ihren Ausbildungsbetrieb. Sie werden in den folgenden Kapiteln konkreter behandelt.

2 Akteure in der Berufsausbildung 4.0

In der Berufsausbildung treffen verschiedene Personen unterschiedlichen Alters, unterschiedlicher Zielsetzung und unterschiedlichen Anspruchs aufeinander. Im Folgenden betrachten wir diese Akteure genauer und untersuchen, welche Erwartungen und Auswirkungen die veränderten Rahmenbedingungen auf sie haben.

Auszubildende – »war früher alles besser?«

Die wichtigste Gruppe in der Berufsausbildung ist unbestreitbar die der Auszubildenden. Gefühlt wurde noch nie so viel über junge Generationen geredet. Ältere Generationen haben aus unterschiedlichen Gründen wenig Verständnis für das Auftreten und die Bedürfnisse der Jungen. Ist dies nur der normale Generationenkonflikt? Und hat man früher nicht auch schon »die Jugend von heute« gesagt?

Zunächst unterscheiden wir in der Arbeitswelt vier Generationen, die dort miteinander – und leider manchmal auch gegeneinander – arbeiten: Babyboomer, Generation X, Generation Y und Generation Z. Auszubildende sind Repräsentanten der Generationen Y und Z – je nach Geburtsjahr.

Die Generationen unterscheiden sich nicht nur durch das Geburtsjahr, sondern durch ein unterschiedliches Wertesystem. Man geht davon aus, dass sich das Weltbild mit zugehörigem Wertesystem im Jugendalter zwischen 11 und 15 Jahren entwickelt. Alle Erfahrungen und Eindrücke, die ein Jugendlicher in diesem Zeitabschnitt sammelt, beeinflussen, wie er über die Welt denkt, was er von Arbeit und somit auch von Ausbildung erwartet. Daher darf man nur die Jugend eines

Jüngeren mit der Jugend eines Älteren vergleichen und nicht einen Vergleich der aktuellen Jugend mit dem eigenen älteren Altersabschnitt anstellen. Der Ausspruch »die Jugend von heute« hat so ihre Berechtigung bei Älteren, deren Werte sich von denen der Jungen unterscheiden. Wie auch ihre Eltern haben sie verständlicherweise mehr oder weniger Verständnis dafür.

Ein weiterer Aspekt – und das ist auch der Grund, warum aktuell so viel über die junge Generation gesprochen wird – ist, dass die beiden Generationen Y und Z mit den digitalen Medien groß geworden sind und daher den älteren Generationen in diesem Punkt etwas voraushaben. Das Verhältnis, wer wem etwas beibringt, verändert sich dadurch. Zusätzlich sind die digitalen Medien ständiger Begleiter und beeinflussen die junge Generation rund um die Uhr.

Folgende Tabelle zeigt generelle, stark vereinfachte Ausprägungen und Unterschiede der einzelnen Generationen:

Generation	**Babyboomer (1950–1964)**	**Generation X (1965–1979)**	**Generation Y (1980–1994)**	**Generation Z (ab 1995)**
Alternative Bezeichnung	Generation Workaholic, 68er-Generation	Generation Golf, Generation MTV	Millennials, Why-Generation, Generation Facebook	Generation Zombie, Generation Community
Entwicklungen	Nachkriegsgeneration, Wirtschaftswunder, Geburtenboom	Wirtschaftskrise, hohe Scheidungsrate	Internetboom, Globalisierung, hohes Bildungsniveau	Digitalisierung des Alltags, Dauerpräsenz von Krisen
Besonderheiten	Wunsch nach Veränderung	Wunsch nach Individualität, ständig misstrauisch	Wunsch nach Feedback	ständige Nutzung von Smartphones, durchgehende Vernetzung in sozialen Netzwerken, Multichannel-Einkauf rund um die Uhr

Generation	Babyboomer (1950–1964)	Generation X (1965–1979)	Generation Y (1980–1994)	Generation Z (ab 1995)
Werte	Gemeinschaft, Idealismus, Entscheidungsfreiheit, Status, Sorgfalt	Unabhängigkeit, Individualismus, Erfolg, Produktivität	Abwechslung, Lifestyle, Selbstverwirklichung, Optimismus, Transparenz	Sicherheit, Vernetzung, Zweckmäßigkeit, Informationsfreiheit, Integrität
Arbeitsleben	Strukturierter Arbeitsstil, regelmäßiger Austausch im Team, hohe Arbeitsmoral, »Bilderbuchkarriere«	Ergebnisorientiert, technisch versiert, Erreichen der Unternehmensziele wichtiger als persönliche Ziele	Fokus auf persönliche Lebensziele und Sinnsuche, Führungspositionen weniger wichtig, projektbezogenes Arbeiten, Meister im Multi-Tasking	Nutzung des Internets für Ausbildungsplatzsuche, Lernen, Bewerten und Zusammenarbeit, weniger Bindung an das Unternehmen, Dominanz des Privatlebens, Wunsch nach Entwicklungsmöglichkeiten, kollegiale Arbeitsatmosphäre

Abbildung 5: Darstellung der Generationen und ihres Wertesystems (angelehnt an Mangeldorf 2015)

Bei genauer Betrachtung der unterschiedlichen Einflüsse, Werte und Bedürfnisse im Arbeitsleben wird deutlich, dass Generationenkonflikte programmiert sind. Ziel sollte es daher sein, eine Balance zwischen den Interessensgruppen herzustellen. Fachkräftemangel erhöht den Druck, die Interessen der jüngeren Generation zu berücksichtigen.

▷ **Der Fachkräftemangel ist der Trumpf im Ärmel der Generationen Y und Z.**

Das Machtgefüge zwischen Arbeitgeber und Arbeitnehmer hat sich in vielen Situationen gedreht. Besonders die (sehr guten) Schüler, die jedes Unternehmen gerne für sich gewinnen will, stellen klare Ansprüche und fragen im Vorstellungsgespräch, was ein Ausbildungsbetrieb zu bieten hat. Wer Ausbildungsverantwortung trägt, muss sich daher mehr auf diese Bedürfnisse einstellen. Deshalb lohnt es sich, die Bedürfnisse und Anforderungen dieser Generation genauer zu analysieren. Ohne ein Entgegenkommen und Anpassen werden jüngere Arbeitnehmer schnell zu anderen Unternehmen wechseln, die besser auf ihre Bedürfnisse eingehen.

▷ **Die Generation Z ist – meiner Meinung nach – der Mittelfinger der Gesellschaft.**

Ihre Ansprüche hören sich revolutionär und unverschämt an. Bei genauerer Betrachtung sind sie aber das, was die meisten Arbeitnehmer anderer Generationen sich auch wünschen würden. Die Mitglieder der Generation Zombie zeigen, dass sie sich dem Druck der Leistungsgesellschaft nicht beugen und selbstsicher sagen: »Macht das mal ohne mich.« Forderungen nach einer 30-Stunden-Woche, Ablehnung von Gleitzeit und Überstunden sind keine Seltenheit. Und wie die Shell-Jugendstudie 2019 aktuell wieder bestätigt hat: Ein Arbeitsplatz in unmittelbarer Nähe ihres Wohnortes ist ihnen auch wichtig.

Offensichtlich ist, dass diese gesellschaftliche Veränderung starken Einfluss auf den Umgang mit Fachkräften, die Arbeitsrahmenbedingungen und auch das konkrete Ausbildungsmarketing hat (s. Kapitel 4: Ausbildungsmarketing). Allerdings: Nicht jeder Schüler und Azubi der Generation Z verhält sich wie oben aufgeführt. Sie unterscheiden sich von Person zu Person und von Ausbildungsberuf zu Ausbildungsberuf. Die einzelnen Auszubildenden und Mitarbeiter in einem Unternehmen unterscheiden sich grundsätzlich durch regionale, religiöse und kulturelle Hintergründe, soziale Milieus, das Alter usw. Nicht selten ist ein Ausbildungsjahrgang bunt gemischt und divers: Studienabbrecher, pubertäre 15-Jährige, 28-jährige Elternteile, sogenannte High Performer, Azubis in Teilzeit, Azubis mit Flüchtlingshintergrund, mit abgebrochenen Ausbildungen, sozialen Problemen, physischen und psychischen Erkrankungen sowie Behinderungen finden sich in einem Ausbildungsjahrgang. Diese Individuen sind offensichtlich nicht gleich auszubilden und müssen auch in der Rekrutierung unterschiedlich angesprochen werden.

Die Studie zu den Sinus-Milieus zeigt auf, dass eine Generation noch einmal in verschiedene Milieus unterschieden werden kann. Diese haben unterschiedliche Bedürfnisse sowohl in der Ausbildung als auch im Arbeitsleben.

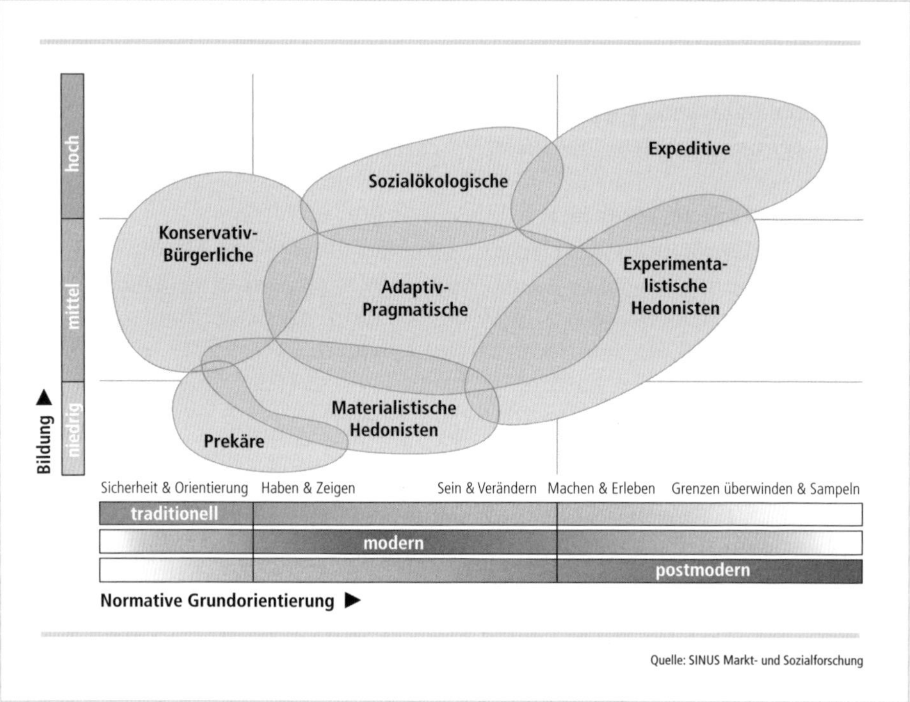

Abbildung 6: Lebenswelten der 14- bis 17-Jährigen in Deutschland (Calmbach et al. 2016, S. 33)

Die Lebenswelten unterscheiden sich durch den Grad der Bildung (niedrig, mittel, hoch) und eine normative Grundorientierung (traditionell, modern, postmodern).

Konservativ-Bürgerliche

Diese Bodenständigen mit Heimatorientierung haben ein hohes Verantwortungsbewusstsein. Sie halten an gesellschaftlichen Regeln fest und interessieren sich wenig für Lifestyle und Konsum. Dieses Milieu ist bei Unternehmen in der Rekrutierung sehr beliebt, insbesondere für spätere Stellen wie Facharbeiter und Sachbearbeiter ohne starke Führungsambitionen. Sie sind ländlich verortet und auch zunehmend stark unter türkischen Migranten mit traditionellem Bewusstsein zu finden. Gewinnen lassen sie sich durch Beständigkeit und Sicherheit, klare Regelungen und Strukturen sowie Tarifverträge und sozialen Umgang mit Mitarbeitern.

Adaptiv-Pragmatische

Sie sind leistungsbereit und zielorientiert. Ihre Entscheidungen sind vorausschauend, beispielsweise ist ihnen wichtig, dass ein Ausbildungsberuf oder Job zukunftsträchtig ist. Sie mögen Konsum und orientieren sich am Mainstream. Auch diese Zielgruppe ist bei der Rekrutierung sehr beliebt, da sie eine normale Biografie anstrebt. Der Job sollte eine deutliche Zukunftsperspektive darstellen, bei dem die Jugendlichen ihren Ehrgeiz und ihre Zielorientierung zeigen und etwas erreichen können.

Prekäre

Der Hintergrund der Prekären ist meist von Erwerbslosigkeit der Eltern, Bildungsferne und sozialen Beeinträchtigungen geprägt. Sie verspüren den starken Wunsch nach Teilhabe und Zugehörigkeit. Gleichzeitig empfinden sie eine normale Karrierelaufbahn als strukturell nicht zu bewältigen und haben unrealistische Vorbilder (Musiker, Influencer, YouTuber). Ausbildungsunternehmen werden in Zukunft stärker auf dieses Milieu zurückgreifen müssen und Maßnahmen entwickeln, diese potenziellen Kandidaten für eine Ausbildung zu begeistern bzw. ihnen Unterstützung während der Ausbildung zu bieten. Ihren Wunsch nach Zugehörigkeit und starker Anerkennung sollte das Unternehmen erfüllen. Sie fühlen sich angesprochen, wenn sie trotz ihrer Hintergründe Aufstiegsmöglichkeiten erkennen. Eine Ansprache in der Art ihrer Vorbilder sowie die Nutzung dieser (digitalen) Kanäle halten sie für attraktiv.

Materialistische Hedonisten

Diese Personengruppe ist stark konsum- und lifestyleorientiert. Das Ausleben von Freizeit ist ihr besonders wichtig. Bei der Jobsuche orientieren diese Jugendlichen sich stark daran, was gesellschaftlichen Wert hat und was ihre Peergroup (Kreis der engsten Vertrauten) sagt.

Ansprechende Produkte, Fun-Events und ein gutes Gehalt sind Attribute, mit denen Ausbildungsunternehmen locken können.

Experimentalistische Hedonisten

Sie lehnen eine klassische Karrierelaufbahn strikt ab. Ihr Fokus liegt auf dem Hier und Jetzt. Regeln und Grenzen überschreiten sie gerne. Sie bevorzugen es, andersartig zu sein und unkonventionelle, kreative Wege zu gehen. Für einen klassischen Ausbildungsberuf werden sie weniger infrage kommen und diesen auch ablehnen. Mit der Aussicht auf Berufe, die Kreativität, Freiheit und lockere Rahmenbedingungen mitbringen, sind diese Jugendlichen zu erreichen. Attribute wie agiles, mobiles Arbeiten und wenig Kontrolle, jedoch anspruchsvolle Aufgaben sollten im Ausbildungsmarketing stark in den Vordergrund gestellt und im Unternehmen gelebt werden.

Sozialökologische

Gemeinwohl, Nachhaltigkeit und Umweltschutz sind für dieses Milieu wichtige Attribute. Sozialökologische haben eine hohe Bildungsaffinität und bevorzugen tiefere Beziehungen. Konsum lehnen sie strikt ab. Sie kommen für Unternehmen eher in kreativeren Arbeitsfeldern und geisteswissenschaftlichen Fächern infrage. Die oben genannten sozialen Aspekte sollten transparent vom Unternehmen gelebt und durch die Dokumentation von Projekten nach außen im Ausbildungsmarketing kommuniziert werden.

Expeditive

Sie streben auf der einen Seite nach Selbstverwirklichung und Abenteuer, auf der anderen Seite nach Zielen. Diese »Hipster« prägen externe Trends und besitzen ein starkes Markenbewusstsein. Für einen klassischen Ausbildungsberuf sind auch sie nicht zu erreichen. Ein duales Studium mit vielfältigen Erfahrungsmöglichkeiten kommt für sie eher in Betracht. Unternehmen können dieses Milieu erreichen, wenn sie die Lust nach Selbstverwirklichung und Abenteuer durch vielfältige Projekte, die den Zeitgeist treffen, und Auslandseinsätze ermöglichen. Ein hoher Grad an Mitbestimmung der Inhalte, Einsatzorte und Lernwege ist zu gewährleisten.

Bezogen auf die Nutzung von digitalen Medien und digitales Lernen unterscheiden diese Milieus sich nicht maßgeblich. Das Smartphone ist für alle der ständige Begleiter. Nur die Art und Weise, wie sie dieses verwenden, ist verschieden. Bildungsniedrigere Personen nutzen das Mobiltelefon eher für Kommunikation, Konsum und Unterhaltung, während Bildungshöhere damit auch ihr Leben organisieren und lernen.

Neue Rollen und Aufgaben von Ausbildungsverantwortlichen und Ausbildungsbeauftragten

Ausbildungsverantwortliche haben die Herausforderung, in einer sich immer schneller wandelnden Welt (VUCA) die betriebliche Ausbildung zukunftsfähig zu gestalten. Dabei nehmen sie verschiedene Rollen ein, die sich teilweise auch widersprechen können. Die Bezeichnung *VUCA* wurde in den 1990er-Jahren durch das US-Militär für eine sich schnell verändernde Umwelt geprägt. Diese besteht aus Volatilität (englisch: volatility), Unsicherheit (englisch: uncertainty), Komplexität (englisch: complexity) und Mehrdeutigkeit (englisch: ambiguity). Später wurde dieses Phänomen in die Wirtschaft übertragen und wird dort als Begriff für die sinkende Halbwertszeit des Wissens und komplexe Herausforderungen verwendet.

Trotz offizieller Definitionen der Rollen von Ausbildungsleiter, Ausbilder und Ausbildungsbeauftragtem sind in der Praxis die Begrifflichkeiten nicht immer dieselben. Sie hängen vielmehr entscheidend von der Größe und der Branche eines Ausbildungsbetriebs ab. Manchmal ist der *Ausbilder* gleichzeitig *Ausbildungsleiter*, in einigen Fällen wird er Ausbilder genannt, fungiert jedoch eher als *Ausbildungsbeauftragter* in der Vermittlung der Inhalte im Fachbereich. Die entscheidende Frage, die sich jeder unabhängig von der Positionsbezeichnung stellen muss, lautet: Arbeite ich eher *ausbildend*, also direkt mit den Auszubildenden, oder eher *strategisch*, das heißt, sorge ich für die Rahmenbedingungen einer Ausbildung, wozu das Finden von Auszubildenden, das Organisieren von Weiterbildungsprogrammen für Auszubildende, Ausbilder und Ausbildungsbeauftragte gehört? Und habe ich Kontakt zu Auszubildenden im Eskalationsfall?

Die Digitalisierung ermöglicht einen Rückzug aus der stark vermittelnden, disziplinarischen Rolle: vom Ausbilder zum *Lernbegleiter*. Durch die Möglichkeit, zeit- und ortsunabhängig zu lernen und zu vermitteln, ist manchmal die physische Anwesenheit des Ausbilders nicht notwendig. Modellversuche als auch ad hoc eingesetzte Formate während der Corona-Krise in verschiedenen Berufsschulen und Ausbildungswerkstätten zeigen, dass große Teile des theoretischen Wissens sowie einige praktische Prozesse und Abläufe mithilfe von digitalen Lernplattformen sowie Tools vermittelt werden können, ohne dass es der ständigen Anwesenheit eines Berufsschullehrers oder eines Ausbilders bedarf. Bei Schwierigkeiten mit der Plattform oder dem digitalen Werkzeug und auch bei inhaltlichen Fragen darüber hinaus steht der Ausbilder zur Verfügung. Und ja, er ist dann physisch anwesend, digital per Videokonferenz ist es phasenweise auch möglich.

Neue Rollen des Ausbildungsverantwortlichen sind daher beispielsweise der *Techniker* für die digitale Plattform und der *E-Trainer*, der ein didaktisches Verständnis für die Aufbereitung von Wissen in digitaler Form mitbringt. Er entscheidet, welche Inhalte zur Unterstützung des Auszubildenden notwendig sind und in welcher Form sie vermittelt werden sollen, und entwickelt danach die Darstellung (Content Creation). Er ist *Vorbild* und *Visionär*, was das Verhalten mit digitalen Medien als auch mit Innovationen und Geschäftsbereichen angeht.

Es bleibt mehr Zeit für die Begleitung der persönlichen Entwicklung der Auszubildenden, unter anderem auch bei sozialen Schwierigkeiten in der Azubi-Gruppe oder mit Vorgesetzten, Kunden und Kollegen. Als *Sozialpädagoge*, *Schuldenberater*, *Coach* und *Streitschlichter* (Mediator) widmet sich der Ausbilder den Anliegen der Auszubildenden mit ihren unterschiedlichen Hintergründen. Beim Recruiting von neuen Auszubildenden fungiert er als *Trüffelschwein*. Da Schulnoten und Vorerfahrung bei interessierten Schülerinnen und Schülern häufig wenig aussagekräftig sind, ist es in diesem Fall die Aufgabe, unter den Bewerbern diejenigen zu finden, die sich durch die Ausbildung zum »Diamanten« entwickeln können.

Als disziplinarischer Vorgesetzter ist der Ausbildungsverantwortliche manchmal auch der *Rausschmeißer*, der die unangenehme Entscheidung treffen muss, Abmahnung bei Fehlverhalten zu erteilen und

Azubis im Extremfall zu entlassen. Dafür darf er nicht konfliktscheu sein.

Definieren Sie die Rollen für die beschriebenen Positionen in Ihrem Unternehmen und grenzen Sie diese voneinander ab. Viele Ausbildungsbetriebe entwickeln noch weitere Positionen mit zugehörigen Aufgaben wie Fachbereichsausbilder, Paten und Mentoren.

Ausbildungsleiter als Marke

Als Ausbildungsleiter und strategisch tätiger Ausbilder runzeln Sie nun vielleicht die Stirn? Viele Ausbildungsleiter haben sich ihren Job in dieser Funktion nicht unbedingt als Repräsentationsfigur ausgewählt, sondern sind meist aus anderen Motiven dazugekommen: etwa aus dem Motiv, sich für die Jugend einzusetzen, oder doch eher aus dem Motiv heraus, Bereiche zu strukturieren und zu organisieren. Ein Teil der Rolle des Ausbildungsleiters als Führungskraft ist es, das Aushängeschild für die Ausbildung zu sein. Er repräsentiert Werte, Einstellung und die Qualität der Berufsausbildung im Unternehmen.

Als Ausbildungsleiter sind Sie die Visitenkarte nach außen und der Multiplikator nach innen. Nach außen erscheinen Sie beispielsweise mit einem sympathischen, aktuellen Foto auf der Ausbildungswebsite sowie mit einem ebenso gut gepflegten Businessprofil in den sozialen Netzwerken wie LinkedIn und XING. Aber Sie sind auch ab und zu auf Social-Media-Plattformen der jungen Generation zu sehen (s. Kapitel 4: Ausbildungsmarketing). Außerdem sind Sie je nach Größe Ihres Ausbildungsbetriebs auf Messen, öffentlichen Veranstaltungen, Netzwerkveranstaltungen sowie bei Vorträgen auf Branchentreffen zu sehen und präsentieren Ihr Fachwissen und Ihr Unternehmen.

Nach innen begeistern Sie insbesondere diejenigen, die sich unentgeltlich für die Ausbildung engagieren. Vorgesetzten und Kolleginnen zeigen Sie die Bedeutung und den Wert der Ausbildung. Sie überzeugen skeptische Fachbereiche von den Vorzügen für das Unternehmen, selbst auszubilden und sich an der Ausbildung zu beteiligen. Sie entwickeln ein Verständnis für die junge Generation bei Mitarbeitern des Unternehmens und präsentieren die tragende Säule »Ausbildung«.

Zuständige Stellen, Betriebsratsgremien und Initiativen

Die Zuständigen Stellen wie die Industrie- und Handelskammer (IHK), die Handwerkskammer (HWK) usw. spielen eine erhebliche Rolle in der Entwicklung zur Ausbildung 4.0. Ein deutschlandweites Bild über die entsprechende Zuständige Stelle zeigt, wie unterschiedlich die Zuständigen Stellen vor Ort aufgestellt sind. Sie unterscheiden sich in ihrem Verhältnis zu Unternehmen, in ihrem Anmelde- und Prüfungsprozedere, ihrem Umgang mit dem Thema Berichtsheft und mit Initiativen, Azubis zu finden, im Umgang mit herausfordernden Situationen (etwa bei der Unterstützung von Ausbildungsberatern) und letztlich in ihrem eigenen Fortschrittsgedanken, ihrer Flexibilität im Umgang mit Home-Office für Auszubildende sowie im Digitalisierungsprozess.

Es gibt noch viel nachzuholen. Diese Stellen müssen im Sinne einer Arbeitswelt 4.0 ihr Selbstverständnis anpassen und sich als Dienstleister der Unternehmen verstehen – weniger als Monopolist, der die Regeln festlegt. Die Zuständige Stelle darf die Regeln kontrollieren, jedoch nicht bestimmen. Darüber hinaus gibt es in der Qualität der Prüfungen Nachholbedarf bei der Schulung der Prüfer und der Objektivität der Prüfung (s. Kapitel 5: Azubi-Auswahl).

Der Betriebsrat mit der Jugend- und Auszubildendenvertretung (JAV) hat bei vielen Themen Mitbestimmungsrecht. Bei etlichen Veränderungen, die Arbeitsplätze und deren Rahmenbedingungen betreffen, sollte er von Anfang an in den Prozess einbezogen werden. Aus einer guten Zusammenarbeit ergeben sich wertvolle Hinweise und Diskussionen für die Ausbildungsqualität und das Angehen von Veränderungen.

Als Ausbildungsverantwortlicher ist es für Sie wichtig, mit der Zuständigen Stelle und dem Betriebsrat gut zusammenzuarbeiten. Wenn Sie neue Berufe ausbilden wollen, vom Ausbildungsrahmenplan abweichen müssen oder das digitale Berichtsheft einführen wollen, ist die Kooperation mit der Zuständigen Stelle und dem Betriebsrat unabdingbar. Sie erreichen mehr, wenn Sie einen guten Draht zu einzelnen Mitarbeitern haben. Auch sind Sie als Mitgliedsunternehmen der Zuständigen Stelle Gestalter und können damit auch Veränderungen initiieren. Das gehört zum »Ausbildungsleiter als Marke« dazu.

Darüber hinaus gibt es sehr gute Initiativen einzelner Zuständiger Stellen, beispielsweise das IHK Speeddating, das Projekt »Fit in Ausbildung; Perspektive 4.0!«, Digiscouts® des RKW-Kompetenzzentrums (Rationalisierungs- und Innovationszentrum der Deutschen Wirtschaft e. V., www.rkw-kompetenzzentrum.de), Vorträge über Generation Z und Ausbildung, das Blok-Berichtsheft sowie Kooperationen mit Unternehmen und lokalen anderen Zuständigen Stellen. Insbesondere kleine und mittlere Unternehmen (KMU) haben hier Zugänge zu kostenlosen Beratungs- und Unterstützungsangeboten, die die Ausbildung deutlich erleichtern.

Berufsschullehrer – 50 Prozent der dualen Berufsausbildung

Die duale Berufsausbildung setzt sich aus Betrieb und Berufsschule zusammen. Damit betrifft die Ausbildung 4.0 auch die Berufsschullehrkräfte. Bereits jetzt gibt es Projekte und Initiativen, die sich mit der Digitalisierung in der Berufsschule auseinandersetzen. Inhaltlich sind die Lehrkräfte weiterhin für die Vermittlung der theoretischen Inhalte zuständig. Auch hier beginnt bereits das Thema »digitale Ausbildung« auf zwei Ebenen. Auf der ersten Ebene geht es darum, ob die Inhalte noch im Einklang mit der Realität der Ausbildungsbetriebe stehen und zu den Berufsbildern passen. Welche Inhalte kommen hinzu? Welche Inhalte sind zukünftig weniger wichtig? Hier bedarf es eines Austauschs mit der Zuständigen Stelle bei Abweichungen zwischen Lehrplan und Anforderungen der Ausbildungsbetriebe.

Die zweite Ebene betrifft die Vermittlung der Inhalte in der Berufsschule. Theoretische Inhalte lassen sich mittlerweile durch weit mehr als nur durch Lehrbücher vermitteln. Dennoch zeigt die Erhebung von Gensicke et al. (2016) mit Ausbildungsbetrieben zu »Derzeitige Wichtigkeit digitaler und klassischer Medien in der beruflichen Ausbildung im Betrieb«, dass digitale Medien wie Lernplattformen, Wikis, Videokonferenzen und Podcasts wenig genutzt werden.

Dazu bieten auch die Schulbuchverlage neben Lehrbüchern stetig neue digitale Möglichkeiten und Werkzeuge wie E-Books und Online-Plattformen, bei denen Inhalte von verschiedenen Seiten visualisiert werden oder auch Videos eingespielt werden können.

Die Corona-Krise hat in besonderem Maße gezeigt, welche Berufsschulen ihren Auftrag als Vermittler des Lehrstoffs auch auf digitalem Wege erfüllen und welche sich regelrecht verweigern.

Als Ausbildungsverantwortlicher können Sie dieses Projekt gemeinsam mit Berufsschullehrern angehen und diese zum Thema digitale Kompetenzen in den Betrieb einladen, etwa für ein Praktikum, zur Einführung von Lernplattformen und anderen digitalen Werkzeugen, für Weiterbildungsveranstaltungen oder auch zum Brainstorming auf der grünen Wiese. Beispiele aus der Praxis zeigen, dass Ausbildungsunternehmen bereit sind, Hardware und Lizenzen für Software zu bezahlen, wenn das in der Berufsschule einen Mehrwert darstellt.

Die Berufsschule muss sich in Zukunft an dieser Stelle fortschrittlich aufstellen. Viele Unternehmen haben bereits eine innerbetriebliche Ausbildung und werben damit. Sie entwickeln eigene Lösungen, bieten eine Stammhauslehre (2-jährige intensive Ausbildung mit eigenem Berufsschulunterricht) oder eigene Prüfungsvorbereitungseinheiten an. Der Ausfall der Berufsschule in der Krise hat Unternehmen erfinderisch werden lassen, wie sie selbst den theoretischen Inhalt vermitteln können. Der Schritt, sich eine neue, innovative Berufsschule auszusuchen sowie eigene Herangehensweisen zu entwickeln, ist nicht weit. Ohne ein Mitwirken seitens der Berufsschule als Institution an dieser Stelle verliert diese an Bedeutung und die hochgelobte deutsche duale Berufsausbildung wird obsolet.

Eltern – ein wichtiger Einfluss

Die Shell-Jugendstudie 2019 hat abermals bestätigt, dass das Verhältnis von Jugendlichen zu ihren Eltern sehr gut ist. Auch die Azubi-Recruiting Trends 2019 haben herausgefunden, dass 35,4 Prozent der Schüler auf die Meinung der Eltern zur Berufswahl hören. Auch haben die Eltern ein hohes Interesse an den Ausbildungsinhalten, den Abläufen der Ausbildung und dem Ausbildungserfolg ihrer Kinder. Bei der Berufsauswahl wie auch während der Ausbildung bilden sie daher einen wichtigen Faktor.

Die Eltern gehören zumeist der Generation X und teils auch der Generation Y an. Sie sind auch digital unterwegs, schauen sich Bewertungsportale von Unternehmen, den gesamten Internetauftritt und Social-Media-Kanäle an, um ihre Kinder bei der Wahl des richtigen Arbeitgebers zu unterstützen. Sie mischen sich proaktiv in die berufliche Entwicklung und die Ausbildungs- bzw. Studienplatzsuche ein und sind auch an der Betreuung während der Ausbildung interessiert. Ausbildungsverantwortliche berichten immer wieder von Elternteilen, die schon mit zum Vorstellungsgespräch gekommen sind.

Eltern und ihre Bedürfnisse und Einschätzungen sind daher nicht nur mit zu berücksichtigen, sondern Eltern sind als zusätzliche Zielgruppe in der Rekrutierung anzusprechen und in die Entwicklung während der Ausbildung einzubeziehen. Dies erfordert klare Regeln bereits zu Beginn. Vor Ausbildungsbeginn haben sich im Marketing daher schon »Bring your parents days« durchgesetzt – also Tage, an denen Eltern eingeladen sind, sich über die Ausbildung zu informieren.

Checkliste: Entwicklung Ihrer eigenen Marke als Ausbilder bzw. Ausbildungsleiter

Rollenfindung

- ☐ Welche Rollen müssen Sie nach Berufsbildungsgesetz (BBiG) einnehmen?
- ☐ Welche der weiteren genannten Rollen nehmen Sie bereits an (Technik-Freak, Visionär)?
- ☐ Was sind Ihre Lieblingsrollen?
- ☐ Welche Rollen vermeiden Sie?
- ☐ Welche Rollen sollten Sie mehr ausfüllen?
- ☐ Wo sollten Sie nach Unterstützung fragen? Wen können Sie dafür ansprechen?

Markenbildung

- ☐ Was möchten Sie als Marke vermitteln? Welche Werte und Attribute?
- ☐ Wie sieht Ihr Außenauftritt aus?
- ☐ Wie sieht Ihr Auftritt im Unternehmen aus?
- ☐ Mit welcher Eigenschaft werden Sie vom Ausbildungspersonal und von den Auszubildenden verbunden?
- ☐ Wenn Sie sich mit einem Hashtag bezeichnen sollten, wie würde dieser lauten?
- ☐ Sind Sie ein guter Botschafter für die Ausbildung nach außen und nach innen?
- ☐ Wofür könnte Ihre Botschafterrolle gut sein?

Zuständige Stellen, Gremien und Netzwerk

- ☐ Zu welchen der genannten Akteure (Zuständige Stelle, Betriebsrat, Kooperationsunternehmen) pflegen Sie bereits guten Kontakt?
- ☐ Wo könnten Sie Ihren Kontakt ausbauen?

- ☐ Mit welcher Gruppe sollten Sie mehr sprechen?
- ☐ Wie ist Ihr Verhältnis zur Zuständigen Stelle, z. B. zur IHK?
- ☐ Mit welchen Initiativen und Kooperationsbetrieben könnte man Kooperationen eingehen?
- ☐ Wann haben Sie sich das letzte Mal mit Berufsschullehrerinnen und -lehrern ausgetauscht?
- ☐ Wie beziehen Sie Eltern mit ein?

3 Ausbildungsstrategie, -planung und -controlling

Mit der Ausbildungsplanung verbinden die meisten Ausbildungsverantwortlichen zunächst das Thema Versetzungsplanung für die Azubis in den verschiedenen Fachbereichen. Dies ist mühsam und je mehr Auszubildende eingeplant werden müssen, desto komplexer wird die Aufgabe. Im Ergebnis werden Ausbildungsverantwortliche jährlich von denselben Themen überrascht und sind gestresst: Die Rekrutierung dehnt sich auf fast ein Jahr aus, Ausbilder fallen aus, der Chef möchte noch zusätzliche Auszubildende einstellen usw. Was folgt, ist dann meist die sogenannte »Kamelle-Taktik«: Ad hoc werden im Schnellverfahren zum größten Teil ungezielt und meist kostspielig verschiedene Maßnahmen losgetreten. In diesem Dilemma kommt oft noch ein Mangel an Ressourcen wie Personal, Geld, Materialien und Ausstattung hinzu.

Beim Thema Ausbildung 4.0 betrachten wir die duale Berufsausbildung ganzheitlich. Das Ziel ist es, möglichst viele offensichtliche Herausforderungen früh genug zu antizipieren, um eine langfristige Planung vorzunehmen und somit im besten Falle mehr Zeit für die täglichen Herausforderungen zu haben. Ausbildungsplanung startet daher immer mit der Ausbildungsstrategie, die anschließend in Einzelaktionen geplant und durch ein Ausbildungscontrolling messbar gemacht wird. Damit sind Sie auch auf die nächste Krise besser vorbereitet.

Ausbildungsstrategie

»Wir stellen jedes Jahr x Azubis ein« ist eine gängige Aussage von Ausbildungsverantwortlichen auf die Frage nach einer Strategie. In den meisten Ausbildungsbetrieben gibt es für die duale Berufsausbildung keine Strategie und kein Leitbild. Auch ist den meisten Ausbildungsverantwortlichen die Unternehmensstrategie nicht bekannt – wenn es denn eine gibt. Drei essenzielle Gründe sprechen jedoch dafür, sich damit zeitnah und regelmäßig zu befassen:

1. Wenn Sie bis jetzt unter dem Druck stehen, dass Sie nicht genügend Ressourcen für die zunehmenden Aufgaben im Ausbildungsbereich haben, kann eine abgestimmte Strategie Ihnen dabei helfen, genau diese Ressourcen zu erhalten, da die Geschäftsleitung der Ausbildung nun mehr Bedeutung zuweist.
2. Wenn Sie regelmäßig von strategischen Richtungsänderungen, neuen Aufgaben usw. von Ihrem Vorgesetzten überrascht werden, kann es daran liegen, dass Sie noch keinen Plan für vorhersehbare Entwicklungen und Entscheidungen haben. (Beispiel: »Stellen Sie im nächsten Jahr 20 Azubis mehr ein.«)
3. Ausbildung als Dienstleistung für den Fachbereich benötigt mindestens fünf Jahre Vorlauf.

Unternehmensstrategie

Die Unternehmensstrategie ist im besten Fall verschriftlicht, gegebenenfalls benötigt es ein paar Termine mit Personalabteilung oder Geschäftsleitung, die Ihnen die Richtung vorgeben. Nehmen wir an, in der Unternehmensstrategie ist der Ausbau eines gewissen Geschäftsfeldes oder das Wachstum in einigen Bereichen verankert, dann sollten Sie überlegen: Welche Bedeutung hat dies für die Ausbildung?

Ausbildungsplanung geschieht in einem 5-Jahres-Modus. Sie rekrutieren (ein Jahr vor Ausbildungsbeginn) und haben dann drei bis vier Jahre Ausbildung vor sich, sodass der Fachbereich in etwa fünf Jahren eine Fachkraft im Ausbildungsberuf zur Verfügung hat. Darum sind Gespräche mit der Unternehmensleitung essenziell, um die Vision für das Unternehmen in zehn Jahren abzuklären und die damit einhergehende Bedarfsplanung der Fachbereiche abzufragen.

Bedarfsorientierte Ausbildungsplanung

Die Fachbereiche haben in vielen Unternehmen die Aufgabe, ihren Personalbedarf zu ermitteln und an die Personalabteilung weiterzugeben. Daraus ergibt sich auch die Bedarfsermittlung für die Ausbildung. Diese Bedarfsanalyse wird in vielen Unternehmen noch nicht durchgeführt. Meist liegen keine Planzahlen für die Ausbildung vor. Ohne diese Zusammenarbeit zwischen Fachbereich und Personalabteilung sowie Ausbildungsleitung ist eine zukunftsgerichtete Personalplanung unmöglich.

Dabei geht es nicht um »Glaskugelschauen«, sondern um die Analyse verschiedener Parameter:

- **Fluktuation:** Wie hoch ist die Fluktuation im Unternehmen bzw. in den einzelnen Bereichen?
- **Unternehmenswachstum:** Welche Geschäftsbereiche wachsen? Wo werden zusätzliche Stellen benötigt?
- **Demografischer Wandel:** Wie viele Stellen entfallen durch altersbedingtes Ausscheiden und müssen nachbesetzt werden?
- **Ausbildung:** Wie hoch ist die aktuelle Übernahmequote?
- **Neue Kompetenzprofile:** Welche Kompetenzprofile ergeben sich aus dem Unternehmenswachstum bzw. der Veränderung von Jobprofilen?

Im besten Fall können diese Zahlen genau benannt werden und eine **bedarfsorientierte Ausbildung** lässt sich ableiten:

- Wie viele Auszubildende und dual Studierende aus welchen Ausbildungsberufen mit welchen Schwerpunkten werden benötigt?
- Wie hoch ist die ausbildungsinterne Fluktuation?

Die Zusammenarbeit zwischen Ausbildungsabteilung und Personalabteilung ist an dieser Stelle essenziell. Denn hier liegt auch die Entscheidung, ob Fachkräfte auf dem Markt rekrutiert werden oder selbst ausgebildet werden sollen / können.

Viele Unternehmen können jetzt bereits sagen, welche Mitarbeiter aufgrund des demografischen Wandels aus dem Unternehmen ausscheiden und welche aufgrund von Fluktuation gehen werden. Die

Entwicklung und Einführung von neuen Ausbildungsberufen ist allerdings vom fortschrittlichen Mitdenken der Ausbildungsleitung sowie von Entscheidungen seitens der Geschäftsleitung abhängig. Beispielsweise kann es sein, dass ein Versicherungsunternehmen einige Immobilien besitzt, die von einem Immobilienkaufmann verwaltet werden müssen. Oder das Geschäft entwickelt sich in die Richtung, dass immer mehr IT-Know-how verlangt wird und Fachinformatiker für Anwendungsentwicklung auszubilden sind.

Wie viel ist die Ausbildung wert?

Der Wert einer Ausbildung lässt sich wirtschaftlich berechnen. Darüber hinaus fließen aber auch weitere Kriterien wie das Image, die Kundenzufriedenheit, die Ausbildungsqualität und eine langfristige Planung mit in die Bewertung ein. Haben Sie einmal durchgerechnet, welchen Wert die Ausbildung für Ihr Unternehmen hat?

▷ **Je geringer die Wahrscheinlichkeit ist, dass Ihr Unternehmen auf dem freien Markt Fachkräfte bekommt, desto höher ist der Wert der Ausbildung.**

Sollten Sie zu den Ausbildungsverantwortlichen gehören, die sich über einen Mangel an Ressourcen beklagen, dann sollten Sie schleunigst Ihrem Vorgesetzten den Wert dieser Ausbildung vorrechnen. Zwei Faktoren sind dabei zu bedenken:

1. Wie viel kostet Sie die Einstellung eines Auszubildenden im Vergleich zur Einstellung eines Facharbeiters?
2. Wie viel kostet Sie die Ausbildung im Vergleich zum Ertrag (unter der Voraussetzung, dass Auszubildende in der Ausbildung bereits eine Unterstützung bieten)?

Beispiel: Ein Elektroniker für Betriebstechnik – wenn Sie ihn überhaupt auf dem freien Markt bekommen – kostet das Unternehmen bis zur Einstellung ungefähr 40.200 Euro. Nehmen wir an, es dauert nur sechs Monate, diesen Facharbeiter zu finden. Folgende Kosten pro Einstellung (Cost per Hire) sind beispielsweise einzurechnen:

Stellenanzeigen auf verschiedenen Portalen (sechs Monate online): 12.000 Euro
Recruiting-Events (Messebesuch): 10.000 Euro
Beauftragung Personaldienstleister: 6000 Euro
Auswahlverfahren: 1000 Euro
Reisekosten: 200 Euro
Personalkosten: 8000 Euro (25 Prozent seiner Zeit verwendet ein Personaler auf die Besetzung dieses Jobs)
Weitere Mitarbeiter (drei Mitarbeiter werden auf Messen und bei der Auswahl mit eingebunden): 2000 Euro
Umzugskosten: 1000 Euro

Cost per Hire: 40.200 Euro

Dies sind natürlich fiktive Werte, die aber den realistischen Werten in Ihrem Unternehmen bereits sehr nah kommen.

Nicht einberechnet sind weitere Leistungen, die Sie für einen neuen Mitarbeiter bezahlen müssen, z. B. eine Abwerbeprämie, die mittlerweile immer beliebter wird. Sollte der neue Mitarbeiter das Unternehmen während der Probezeit wieder verlassen, sind die Einstellungskosten verloren.

Ein Auszubildender kostet nach Erhebungen des BIBB durchschnittlich 17.933 Euro pro Jahr. Im obigen Fall liegt ein Auszubildender zum Elektroniker für Betriebstechnik eher bei 26.000 Euro Bruttokosten. Je nach Fähigkeiten erwirtschaftet der Auszubildende durch seine Arbeit auch Erträge, bei einigen lohnt sich diese Investition natürlich erst langfristiger.

Interessante Berechnungen für Sie sind:

- Produktiver Ertrag (Leistungen, die der Azubi für Sonderprojekte erbringt, etwa für Recruiting-Veranstaltungen oder die Organisation von Betriebsfesten, und für Aufgaben, die einen festen Mitarbeiter ersetzen)
- Effektive Ausbildungskosten (Ausbildungskosten – Ertrag)
- Sprunghafte Kosten (z. B. bei Einstellung eines weiteren Ausbilders, bei Einrichtung einer Ausbildungswerkstatt ab einer Anzahl von zehn Azubis)
- Ausbildungsberufe im Vergleich (unter Betrachtung der möglichen Produktivität)
- Ausbildungsqualität (Abbruchquote, Übernahmequote, Zufriedenheit, Fehlzeiten, Notendurchschnitt)

▷ **FAZIT: Ein Auszubildender ist deutlich günstiger in Berufen, bei denen Fachkräfte auf dem Markt rar sind. Das investierte Geld in Marketing, Personal und Ausstattung ist eine wirklich gute Investition und im Vergleich zur Einstellung eines Facharbeiters auch eher gegeben.**

Wie viel kostet bei Ihnen eine Einstellung?

Übertragen Sie dieses Beispiel mit möglichst exakten Zahlen, die Sie von der Personalabteilung bekommen, auf Ihr Unternehmen und rechnen Sie es Ihren Vorgesetzten vor. Gegebenenfalls dauert es sogar länger, Fachkräfte zu finden, oder es kommen noch weitere Parameter hinzu.

Folgende Kosten pro Einstellung (Cost per Hire) sind einzurechnen:

- *Stellenanzeigen auf verschiedenen Portalen*
- *Recruiting-Events (Messebesuch)*
- *Beauftragung Personaldienstleister*
- *Auswahlverfahren*
- *Reisekosten*
- *Personalkosten*
- *Weitere Mitarbeiter*
- *Umzugskosten*
- *Weitere Kosten*

Cost per Hire:

▷ **TIPP: Sammeln Sie zusätzliche Argumente, die für Investitionen sprechen. Beispielsweise könnten das die Übernahmequote sein, die Stärkung des Unternehmensimages, die Dauer der Suche nach einem Facharbeiter, die Mitarbeiterzufriedenheit, die Kosteneinsparung an anderer Stelle und weitere messbare Werte, die aus dem Ausbildungscontrolling entstehen.**

Planung: Vom Interessenten zur Fachkraft

Von Ihrer Ausbildungsstrategie abgeleitet geht es nun einen Schritt weiter in die konkrete Ausbildungsplanung. Dabei ist es hilfreich, sich den Werdegang eines Azubis vom Interessenten zur Fachkraft einmal vorzustellen.

Folgende Vorgehensweise ist zu empfehlen:

1. Abgeleitet von der Bedarfsplanung werden Berufsfeld, Berufsbezeichnung, Aufgaben, Kompetenzen und Einsatzort für die spätere Fachkraft festgelegt (Stellenbeschreibung). Bei neuen Ausbildungsberufen sind die Zusammenarbeit mit der Zuständigen Stelle (IHK, HWK usw.) sowie die Ausbildungsordnungen der einzelnen Berufe hilfreich.
2. Aus dem Ausbildungsrahmenplan wird der betriebliche Ausbildungsrahmenplan für diese Stelle festgelegt, gegebenenfalls werden noch Abstimmungen mit der Zuständigen Stelle geführt. Beachten Sie dazu die Pflichten des Ausbildungsbetriebes (https://www.arbeitsagentur.de/unternehmen/ausbilden/pflichten-ausbildungsbetrieb) und die Inhalte der Ausbildungsordnung (diese finden Sie auf den Seiten der entsprechenden Zuständigen Stelle).
3. Für die einzelnen Lehrjahre werden Einsatzorte, Sondereinsatzorte, Projekte und Weiterbildungen, die sich aus dem Ausbildungsrahmenplan ergeben oder aber in Abweichung zur Planstelle notwendig sind, festgelegt.
4. Die bisherigen Planungen erfordern gegebenenfalls das Einstellen von neuem geeigneten Ausbildungspersonal, die Weiterbildung des bestehenden Personals oder die Erweiterung der Ausbildungswerkstatt.
5. Nun wird festgelegt, welches Kompetenzprofil mindestens zu Ausbildungsbeginn vorhanden sein sollte. Achten Sie darauf, dass es ein Mindestprofil ist und nicht ein Wunschprofil. Es geht um junge Menschen, die sich in drei bis vier Jahren Ausbildung entwickeln und sich Kompetenzen aneignen können (s. Kapitel 5: Azubi-Auswahl).
6. Im Anschluss planen Sie geeignete Marketing- und Employer-Branding-Maßnahmen in Abstimmung mit den Abteilungen Marketing, Public Relations und Personal (s. Kapitel 4: Ausbildungsmarketing).

Erst danach planen Sie das Jahr mit genauem Versetzungsplan für den Auszubildenden.

Um die einzelnen Maßnahmen für die entsprechenden Bereiche zu planen, bietet es sich an, Ihre festgelegten Ziele auf diese Bereiche zu übertragen:

- Marketing / Recruiting
- Auswahl
- Onboarding
- Ausbildungsbetreuung
- Ausbildung (Personal, Methoden, Tools, Inhalte)
- Offboarding

Es liegt nahe, neben der Jahresplanung eine Quartals-, Monats-, Wochen- und Tagesplanung anzugehen. Das klingt für die meisten Ausbildungsverantwortlichen utopisch und übertrieben. Auf der anderen Seite gibt es wohl keinen Ausbildungsverantwortlichen, der nicht im Tagesgeschäft versinkt und oft den »Feuerlöscher« spielt, ohne zu den wichtigen Dingen zu kommen.

Beginnen Sie mit Ihrer Jahresplanung – abgleitet von den Unternehmenszielen, Ausbildungszielen und den Anforderungen Ihrer Vorgesetzten –, indem Sie sich Ziele für dieses Jahr notieren. Häufig ergeben sich bereits Zeitpunkte oder Prioritäten daraus. Leiten Sie davon Ihre Quartalsziele, Monatsziele usw. ab mit der Frage: Was muss ich diese(s/n) Quartal (Monat, Woche) tun, um dieses Ziel zu erreichen?

Die Ziele bzw. die damit verbundenen Maßnahmen werden natürlich pro Tag immer kleiner.

▷ **Nehmen Sie sich für einen Tag nicht zu viel vor, sondern investieren Sie eher 15 bis 30 Minuten früh morgens oder kurz vor der Mittagspause (wenn es etwas ruhiger ist), um die eine Sache anzugehen oder zu erledigen, die auf dieses »größere Ziel« einzahlt.**

Danach kann die Welt über Ihnen wieder zusammenbrechen.

Beispielsweise könnte ein Jahresziel sein, das Ausbildungsmarketing zu überarbeiten und neu aufzulegen. Im ersten Schritt überlegen Sie, was Sie mit dem Ausbildungsmarketing bewirken wollen, und formulieren das Ziel detailliert und spezifisch (SMART-Methode): »Wir wollen im nächsten Jahr die Anzahl der Bewerbungen um 15 Prozent erhöhen und alle Ausbildungsstellen besetzen können.« In Quartal 1 sammeln Sie Zahlen, Daten und Fakten über den Status quo und greifen damit auf Ihr Ausbildungscontrolling zurück (s. nächster Abschnitt). In Quartal 2 informieren Sie sich über weitere Marketingkanäle und tauschen sich mit anderen Ausbildungsleitern aus. In Quartal 3 entscheiden Sie, welche Marketingmaßnahmen sich nicht rentieren und welche Sie nun neu angehen werden. In Quartal 4 setzen Sie neue Marketingmaßnahmen auf und lernen basierend auf Ihren Erfahrungen der letzten Monate dazu.

Andere Ziele könnten z. B. sein, Ihre Unternehmensleitung zu mehr Ressourcen (Personal, Budget) für eine moderne Ausbildung zu überzeugen, das Ausbildungskonzept zu überarbeiten oder eine Planungssoftware auszuwählen und einzuführen.

Erfahrungsgemäß sind Sie mit dieser Vorgehensweise meist schneller, als Sie denken.

▷ **TIPP: Nehmen Sie sich ein großes Jahresziel vor und brechen Sie es auf kleinere Zeiteinheiten mit Zwischenzielen herunter. Planen Sie am Ende des Monats, der Woche und des Tages das nächste Ziel, das Sie in der kommenden Zeiteinheit erreichen wollen.**

Insbesondere bei wiederkehrenden Maßnahmen und Aufgaben empfiehlt es sich, Prozesse zu planen und zu dokumentieren. Wiederkehrende Prozesse sind z. B. Vertragserstellung, Einladung zu Vorstellungsgesprächen oder die Organisation einer Recruiting-Veranstaltung. Die einzelnen Maßnahmen sind als Projekte anzusehen, die Sie parallel und / oder nacheinander bearbeiten, überwachen und delegieren.

Die gesammelten Informationen geben nun die entsprechenden Hinweise, um einen effektiven und sinnvollen Versetzungsplan aufzusetzen, Projekte vorzubereiten, bei denen Auszubildende eingeplant sind (Recruiting, interne Veranstaltungen), und die Möglichkeit, auf berufsspezifische Besonderheiten einzugehen. Insbesondere ab dem zweiten Lehrjahr sollten Sie Wünsche des Auszubildenden wie auch individuelle Besonderheiten einplanen, z. B. Defizite in einem Bereich durch Krankheit, Ihre Einschätzung der persönlichen Eignung für einen Bereich, Herausforderungen mit einem Thema in der Berufsschule usw.

Es hat sich als hilfreich herausgestellt, Kriterien pro Azubi zu notieren und dann mit der Planung zu beginnen. Im Anschluss an die Planung können Sie die Kriterien abgleichen und eventuelle Änderungen vornehmen.

Controlling in der Ausbildung – wozu?

Ebenso wenig geschätzt wie das Thema Ausbildungsplanung wird auch das Ausbildungscontrolling. Wozu sollte man Bestandteile der Ausbildung messen? Warum ist es gut, sich die Arbeit zu machen und Kennzahlen über die Jahre hinweg zu sammeln?

Fast ausnahmslos beklagen sich Ausbildungsverantwortliche über mangelnde Ressourcen und fehlende Wertschätzung seitens der Vorgesetzten oder der Geschäftsleitung. Aus Sicht ihrer Vorgesetzten besteht erst Handlungsbedarf, wenn gravierende, teils akute Probleme auftreten. Solange beispielsweise noch alle Ausbildungsstellen besetzt werden können, ist alles gut. Den Vorgesetzten ist gegebenenfalls nicht bewusst, wie viel Mehraufwand die Mitarbeiter haben. Aus diesem Grund und auch zur Vorsorge für einen plötzlichen Vorgesetztenwechsel, nach dem gerne bei der Ausbildung gespart wird, ist es gut, Kennzahlen – sogenannte KPIs (Key Performance Indicators) – zu sammeln und zu pflegen.

Noch viel wichtiger ist die Rückkopplung vom Controlling zur Strategie. Die Kennzahlen geben Aufschluss: Unternehmen wir die richtigen Maßnahmen, um unsere Ziele zu erreichen? Hier finden Sie eine Auswahl von interessanten Kennzahlen, die für Sie nützlich sein könnten:

Ausbildungsplanung

- Zeitaufwand für die Versetzungsplanung pro Jahr / Monat
- Wirtschaftliche Effizienz der Ausbildung
- Gesamtkosten pro Azubi

- Personalkosten pro Azubi
- Sachkosten pro Azubi
- Anzahl und Qualität der Kooperationspartner (Zuständige Stelle, Agentur für Arbeit, Ausbildungsinitiativen, Kooperationsbetriebe, regionale und / oder Branchennetzwerke)
- Bedeutung der Ausbildung im Unternehmen
- Produktiver Ertrag (Leistungen, die der Azubi für Sonderprojekte erbringt, z. B. Recruiting-Veranstaltungen oder Organisation von Betriebsfesten, und Aufgaben, die einen festen Mitarbeiter ersetzen)
- Effektive Ausbildungskosten (Ausbildungskosten – Ertrag)
- Sprunghafte Kosten (etwa bei Einrichtung einer Ausbildungswerkstatt ab einer Anzahl von zehn Azubis)
- Ausbildungsberufe im Vergleich (unter Betrachtung der möglichen Produktivität)

Ausbildungsmarketing und Recruiting

- Anzahl Bewerbungen (pro Ausbildungsberuf / Niederlassung)
- Anzahl Einladungen / Zusagen / Absagen
- Cost per Hire (Kosten für eine Einstellung)
- Kosten für Stellenbörsen, Einstellungen aufgrund dieser Börsen
- Anzahl Schulbesuche / Messen / Events
- Ranking der Karriereseite (Google-Platzierung bei Eingabe des Ausbildungsberufs)
- Feedback auf kununu, Google for Jobs und Facebook
- Imagebewertung des Unternehmens im Vergleich

Azubi-Auswahl

- Validität (Aussagekraft) der Auswahlinstrumente
- Kosten der Auswahlinstrumente
- Rückmeldung der Bewerber und Azubis zum Auswahlprozess
- Qualität der Bewerbungen (z. B. gemessen an Kriterienkatalog, Fehler in Anschreiben)
- Anzahl der Bewerber, die zur Auswahl eingeladen werden
- Anzahl der Bewerber, die zum Auswahltag erscheinen
- Dauer der Auswahl

- Anzahl der Vertragsunterzeichner, die die Ausbildung wirklich antreten
- Kriterieneffizienz (Legen wir die richtigen Auswahlkriterien an?)

Ausbildungspersonal, -inhalte und -methoden

- Veränderungen im Ausbildungsrahmenplan, Modifizierung der Ausbildungsinhalte
- Aktualität der Medien (Lehrbücher, Werkzeuge, PC)
- Effizienz der Methoden (wissenschaftliche Erkenntnisse, Azubi-Befragung)
- Methodenreichtum
- Prüfungsergebnisse
- Qualität des Ausbildungspersonals (Azubi-Zufriedenheit)
- Anzahl der Weiterbildungen für Azubis
- Anzahl der Weiterbildungen für Ausbilder und Ausbildungsbeauftragte

Azubi-Betreuung

- Anzahl und Dauer der persönlichen Gespräche
- Anzahl der Eskalationsgespräche
- Anzahl der Krankheitstage
- Anzahl und Art der psychischen Erkrankungen
- Anzahl Ausbildungsabbrüche/Vertragsauflösungen
- Übernahmequote (nach der Ausbildung, zwei Jahre nach Ausbildungsende)
- Einreichung des Berichtsheftes bis zum vereinbarten Stichtag (in Prozent aller Azubis)
- Nutzung der Weiterbildungsplattform (Aktivitätenmessung)

Sie bauen sich damit eine Faktenlage auf und gewinnen Vergleichbarkeit über die Lehrjahre hinweg. Ein Handlungsbedarf wird damit messbar und offensichtlicher.

Hilfreiche Planungs- und Controlling-Tools für Ausbildungsverantwortliche

Viele Ausbilder führen die Versetzungsplanung, aber auch alle anderen Aufzeichnungen mit Excel. Bei einer geringen Anzahl von Azubis kann dies auch immer noch das Tool erster Wahl sein. Die meisten Unternehmen nutzen digitale Systeme zur Personalverwaltung. Es lohnt sich, diese Systeme nach möglichen Erweiterungen zu untersuchen, sodass ein paar Arbeitsschritte bei der Versetzungsplanung entfallen oder erleichtert werden.

Hilfreich sind bei der Planung, beim Projektmanagement und auch in der Versetzungsplanung kollaborative Tools. Diese haben den Vorteil, dass sie meist übersichtlich gestaltet und intuitiv bedienbar sind (z. B. Drag & Drop), und ohne lästiges E-Mail-Versenden ein Austausch zu Ideen und Projekten stattfinden kann. Die Tools sind jedoch selbst mit Inhalten und Strukturen zu füllen, da sie nicht ausschließlich für den Ausbildungsbereich entwickelt wurden.

Ein bekanntes Beispiel ist das Tool *Trello*, bei dem Projekte in Form von Kanban-Boards erstellt werden. Auf diese Boards haben alle relevanten Projektmitglieder Zugriff. In Listen werden Karten als einzelne Projektbausteine angelegt, die Informationen, Bilder, Checklisten usw. beinhalten können. Alle Projektmitglieder können den Fortschritt einsehen und gleichzeitig an einzelnen Stellen mitdiskutieren. In Kombination mit »Slack« erübrigt sich der E-Mail-Verkehr, denn es gibt einen zentralen Ort für Koordination und Kommunikation.

Anwendungsbeispiele sind vielfältig. Sie können Ihre eigenen Prozesse und Checklisten damit pflegen, Ihre Auszubildenden informieren, eine Plattform zum Austausch anbieten (anstatt eines Forums oder WhatsApp-Chats) oder eine Projektplattform für das nächste Azubi-Recruiting aufbauen.

Trello arbeitet DSGVO-konform. Dennoch muss es auf die unternehmensinterne Verwendung überprüft werden. Ähnliche Kollaborations-Plattformen erobern täglich den Markt. Viele Plattformen, Software und Werkzeuge, die für den Personalbereich entwickelt wurden, sind nicht direkt auf die betriebliche Ausbildung anzuwenden. Daher gibt es mittlerweile ein paar Anbieter, die speziell das Ausbildungsmanagement und die Versetzungsplanung erleichtern. Viele davon verfügen auch über nützliche Erweiterungen. Dazu gehören beispielsweise folgende:

- **Azubi-Navigator** von u-form Testsysteme ist eine Erweiterung des Angebots des U-Form-Verlages. Diese Plattform umfasst die Themen Verwaltung von Auszubildenden, Versetzungsplanung, Berichtsheftpflege, Lerncenter mit Prüfungssimulator, Berufsschule, Reporting, Zeugnisse, Chat, Feedback, Steckbrief und Erstellung der individuellen Ausbildungspläne von jedem Ort aus.
- **Apprentio** beinhaltet Onlinetests, Versetzungsplanung mit MS Excel, Verwaltung der digitalen Personalakte, Beurteilung und Auswertung.
- **Vplan** von BeraCom umfasst die Bereiche Bewerben (Bewerbungsmanagement), Planen (Versetzungspläne), Informieren (Informationsportal) und Beurteilen (Leistungsübersicht).

Dies sind Beispiele. Bitte schauen Sie nach Ihren individuellen Bedürfnissen. Wenn Sie bereits eine Software haben, prüfen Sie, inwiefern diese Plattformen damit kompatibel sind und für Sie infrage kommen. Sprechen Sie mit anderen Ausbildungsverantwortlichen über Ihre Tools und testen Sie verschiedene Plattformen. Diese erweitern ihre Funktionen ständig.

Checkliste: Entwicklung Ihrer Ausbildungsstrategie, des Ausbildungsplans und geeigneter Kennzahlen

- ☐ Wie lautet Ihre Unternehmensstrategie und was bedeutet dies für die Ausbildung?
- ☐ Welche Planzahlen liegen Ihnen aus den Fachbereichen (Fluktuation, Unternehmenswachstum, demografischer Wandel) und in Absprache mit der Personalabteilung vor?
- ☐ Wie hoch ist die aktuelle Übernahmequote, die in eine Planung einberechnet werden muss? Wie hoch ist die ausbildungsinterne Fluktuation?
- ☐ Welche bedarfsorientierte Ausbildungsplanung ergibt sich daraus?
- ☐ Welche Ziele leiten Sie von der Unternehmensstrategie als auch dem Bedarf ab?
- ☐ Wie viel ist die Ausbildung wert? Was kostet ein Auszubildender im Vergleich zur Einstellung einer Fachkraft?
- ☐ Welche Jahres-, Quartals- und Monatsziele sind daraus abzuleiten?
- ☐ Wann nehmen Sie sich täglich ein paar Minuten Zeit für Wochenaufgaben, die auf Ihre Ziele einzahlen?
- ☐ Welche Kennzahlen sollten Sie sammeln, um Grundlagen für eine Argumentation zu haben, die Sinnhaftigkeit von Marketingmaßnahmen ableiten zu können und zu überprüfen, ob Sie Ihre Ziele erreichen?
- ☐ Welche Kollaborations- und Projektmanagementtools, die die Transparenz über alle Beteiligten und Aufgaben deutlich machen und Kommunikation vereinfachen, nutzen Sie bzw. möchten Sie ausprobieren?
- ☐ Welche Plattform bzw. Software nutzen Sie für Datenverwaltung, Versetzungsplanung, Dokumentenablage (Infos, Videos, Fotos), Weiterbildung, Prüfungsvorbereitung, Terminplanung, Dokumentation des Ausbildungsnachweises? Wie zufrieden sind Sie damit? Welche möchten Sie einmal testen?

4 Ausbildungsmarketing

Azubis zu finden ist seit ein paar Jahren eines der größten Themen für Ausbildungsverantwortliche. Die Bewerberzahlen für Ausbildungsstellen gehen stetig zurück und insbesondere Anforderungen der Unternehmen und Erwartungen der Bewerber gehen stark auseinander.

Bis vor wenigen Jahren reichte es noch aus, aktuelle Stellenanzeigen für Ausbildungsplätze auf der eigenen Website und der Seite der Bundesagentur für Arbeit auszuschreiben und ein paar Aushänge in Schulen zu machen. Je nach Anzahl der gesuchten Auszubildenden und Ausbildungsberufe genügt dies heute bei Weitem nicht mehr.

Wie Ausbildungsmarketing funktionieren kann und wie neuere Marketinginstrumente dabei unterstützen, soll dieses Kapitel deutlich machen.

Marketing – braucht es das?

Es gibt zwei Mythen, die in der Berufsausbildung zum Thema Ausbildungsmarketing unter einigen Ausbildungsverantwortlichen kursieren:

- **Mythos 1:** Es gibt ein neues Marketinginstrument, das dazu führt, dass die idealen Bewerber ohne großen Aufwand gefunden werden.
- **Mythos 2:** Als Ausbildungsbetrieb bestimmen wir die Regeln. Schüler bewerben sich bei uns und daher müssen sie uns auch finden.

Beide Mythen sind mit einem klaren Nein zu beantworten.

Zu Mythos 1: Die Hoffnung, die hinter dem Mythos steht, ist durchaus nachvollziehbar. Wie Kapitel 2 (Akteure in der Berufsausbildung 4.0) gezeigt hat, entscheiden sich gut ausgebildete Schüler nicht mehr zwingend in erster Linie für die Berufsausbildung. Sie haben sich daher nicht sinnbildlich in einer Höhle versteckt, die man durch eine gezielte Ansprache entdecken muss. Es gilt mehr als je zuvor, verschiedene neue Zielgruppen anzusprechen und dafür unterschiedliche Marketinginstrumente in einem Marketing-Mix zusammenzusetzen.

Zu Mythos 2: Das Verhältnis zwischen Arbeitgeber und Arbeitnehmer hat sich gewandelt und dies ist nun auch im Ausbildungsbereich angekommen. Zwar wählen Ausbildungsbetriebe aus den Bewerbungen aus, jedoch müssen sie sich ebenso beim Kandidaten bewerben und schlüssig darstellen, was sie zu bieten haben. Immer häufiger bekommen Schülerinnen und Schüler Angebote verschiedener Firmen und können im Bewerbungsprozess eigene Anforderungen an die Ausbildungsbetriebe stellen. Es bedarf daher eines strukturierten Ausbildungsmarketings und einer Employer-Branding-Strategie. Aber zunächst ein paar Begrifflichkeiten:

Azubi-Marketing oder **Ausbildungsmarketing** bedeutet eine langfristige Vorgehensweise zur Umsetzung von ausbildungsspezifischen Marketingzielen. Es bedarf auch hier wieder einer Marketingstrategie, die von den Unternehmenszielen und den Ausbildungszielen abgeleitet ist. Beispielsweise könnte ein Ziel lauten: »Bewerber für Ausbildungsstellen ziehen unseren Ausbildungsplatz regionalen Firmen im gleichen Ausbildungsberuf vor.«

Employer-Branding bezeichnet in diesem Zusammenhang die Arbeitgebermarke, das heißt, Betriebe positionieren sich als attraktiver Arbeitgeber und Ausbildungsbetrieb und machen sich in diesem Sinne bekannt. Hilfreich ist es, wenn das Image als Arbeitgeber mit dem Image als guter Ausbildungsbetrieb übereinstimmt. Dieses Thema ist in den meisten Unternehmen bei den Abteilungen Personal und PR verortet.

Als **USP** (Unique Selling Proposition) – übersetzt *Alleinstellungsmerkmal* – bezeichnet man »die Besonderheit«, die den Ausbildungsbetrieb von anderen Unternehmen abhebt und einzigartig macht. Das können besondere Leistungen wie eine neuartige Ausbildungsdurchführung, Auslandseinsätze, die Förderung von Weiterbildung, vielfältige Möglichkeiten nach der Ausbildung usw. sein. Die Erfahrung lehrt, dass es mehrere Besonderheiten sein sollten, da Bewerber von unterschiedlichen Merkmalen angesprochen werden. Beispielsweise möchte die eine gerne ins Ausland, dem anderen sind ein attraktives Ausbildungsgehalt und die Weiterentwicklungsmöglichkeiten nach der Ausbildung besonders wichtig.

Von einer **Zielgruppe** spricht man im Marketing als einer Gruppe, die gezielt angesprochen wird für ein Produkt. Beispielsweise werden Studienabbrecher für das Produkt »Duale Berufsausbildung« angesprochen. Diese Ansprache unterscheidet sich nach Zielgruppe, Ausbildungsberuf, Anforderungen des Fachbereichs usw. Dies schlägt sich in der Schriftsprache, der Bildsprache und der Medienauswahl nieder. Beispielsweise fühlen sich Mädchen von anderen Begrifflichkeiten angesprochen als Jungen.

Etabliert hat sich mittlerweile die Entwicklung von zwei bis drei Personas pro Zielgruppe. **Personas** sind Profile von Bewerbern aus einer Zielgruppe. Möglichst genau werden die Merkmale der Personen bestimmt. Dazu gehören Milieu, Beruf der Eltern, äußere Merkmale, Freizeitaktivitäten usw. Abhängig von der vorher definierten Zielgruppe und den zugehörigen Personas werden nun *Marketinginstrumente oder Recruiting-Instrumente* – Aktivitäten, die die Zielgruppe auf die Ausbildung aufmerksam machen – definiert, ausgewählt und entwickelt.

Wer ist die Zielgruppe?

Die meisten Ausbildungsverantwortlichen suchen nach Schülerinnen und Schülern mit sehr gutem Realschulabschluss oder Abitur, 16 bis 19 Jahre alt, die keine Fehltage aufweisen und ein gutes Auftreten beim Vorstellungsgespräch zeigen. Das Problem: Zum einen suchen alle anderen Ausbildungsbetriebe auch nach dieser Zielgruppe und zum anderen sind in dieser Gruppe nicht mehr genügend Bewerber für die Ausbildungsstellen vorhanden.

Sie müssen somit Ihre Zielgruppe erweitern. Für viele Unternehmen ist beispielsweise die Taktik, nur Abiturienten für eine Ausbildung zum Industriekaufmann / zur Industriekauffrau auszuwählen, langfristig nicht funktional. Zwar kann man genügend Bewerber finden, die sich bereits während der Ausbildung als produktiv erweisen und eine große Unterstützung für die Fachbereiche sind. Nach der Ausbildung verlassen jedoch viele der Auszubildenden das Unternehmen, da sie entweder studieren wollen oder ihnen Stellen nach der Ausbildung angeboten werden, bei denen sie sich auf Dauer unterfordert fühlen. Diesen Effekt spüren auch viele Unternehmen, die von der Ausbildung zum dualem Studium schwenken und danach ebenfalls keine Stellen nach entsprechender Bedarfsplanung anbieten können. Diese jungen Menschen wollen sich weiterentwickeln und keine Stelle als Sachbearbeiter oder Facharbeiterin annehmen.

Abhilfe schafft ein gezieltes *Offboarding*, zum einen, um die Gründe der Auszubildenden für das Verlassen des Unternehmens zu erfahren, zum anderen, um frühzeitig Entwicklungspfade und Fachkarrieren zu entwickeln und als gute Möglichkeit aufzuzeigen. Aber das allein reicht nicht aus. Es sind weitere Schritte notwendig.

Man unterscheidet zwischen Primär- und Sekundärzielgruppen. Primärzielgruppen sind Personengruppen, die direkt für Ihre Ausbildung und das duale Studium infrage kommen, wie beispielsweise Schulabgänger, Studienabbrecher, Personen mit Flüchtlingshintergrund, 25-Jährige mit abgebrochener Ausbildung usw. Sekundärzielgruppen streben selbst keine Ausbildung an, haben jedoch Einfluss auf die Entscheidung der bevorzugten primären Zielgruppe. Dazu gehören etwa Eltern, Großeltern, Lehrkräfte, Berufsschullehrer, Studienberater und Ausbildungsberaterinnen der Zuständigen Stellen.

Entwicklung der eigenen Zielgruppe

Es bietet sich daher an, sich intensiv mit seinen primären Zielgruppen für die einzelnen Ausbildungsberufe zu beschäftigen und auch sekundäre Zielgruppen anzusprechen. Dazu gehört Folgendes:

- *Kritische Betrachtung der benötigten Berufsbilder:* Wen brauchen wir wirklich? Welche Anforderungen werden für den Ausbildungsberuf benötigt? Welche Anforderungen werden nachher von der Fachkraft verlangt? (Aus Erfahrung sind die meisten Anforderungsprofile für die gesuchten Fachkräfte nach der Ausbildung höhergesteckt als notwendig.)

- *Perspektivwechsel:* Was bieten wir an? Für wen sind wir mit dieser Ausbildung interessant? Für wen wären wir ein Glücksgriff?
- *Bisherige Auszubildende:* Wie sieht unser typischer Auszubildender aus? Wen laden wir sofort zum Vorstellungsgespräch ein? Wo liegen die Vor- und Nachteile bei diesen Typen?
- Welche bekannten oder neuen Zielgruppen kommen nun infrage?

Nach Festlegung der Zielgruppen entwickeln Sie jeweils zwei bis drei Personas (Bewerbertypen) pro Zielgruppe. Dies ist wichtig, da Bewerber nicht gleich Bewerber ist – auch für denselben Ausbildungsberuf bzw. ein duales Studium nicht. Oft sind Bewerberinnen nur in einem gleich: dem Interesse für den Beruf. Hintergründe, Interessen, Auftreten und die richtige Form der Ansprache sind häufig sehr unterschiedlich. Je breiter der Tätigkeitsbereich in den Fachbereichen aussieht, desto mehr unterschiedliche Typen benötigen Sie auch in der Ausbildung. Im Klischee gesprochen: Eine Kauffrau für Büromanagement, die später im Vertrieb eingesetzt wird, unterscheidet sich von einem Kaufmann für Büromanagement, der später in der Buchhaltung eingesetzt wird. Beide werden auch durch unterschiedliche Formen der Ansprache und Merkmale der Ausbildung angezogen.

Mehrere Personas entwickeln

Um diese unterschiedlichen »Bewerbertypen« ansprechen zu können, ist die Auseinandersetzung mit den Personas essenziell. Am Beispiel des Ausbildungsberufes »Elektroniker für Betriebstechnik« ist folgend die Entwicklung einer Persona dargestellt. Dabei ist zu beachten, dass die Antworten abhängig von demjenigen sind, der die Persona entwickelt.

Persona 1: Sebastian, 17 Jahre

Werdegang:

- Welche Schulform hat er besucht? Realschule
- Welchen beruflichen Werdegang hat er gegebenenfalls bereits absolviert? Praktikum bei einem kleinen Elektrounternehmen

Familienhintergrund:

- Welchem Milieu ist er zuzuordnen? Konservativ-bürgerlich, da ihm eine gute, solide Ausbildung wichtig ist
- Welche Berufe üben die Eltern aus? Konservativ-bürgerlich; Vater: Elektroniker bei Ihrem Unternehmen, Mutter: Sachbearbeiterin in der Ortsverwaltung
- Wie ist das Verhältnis zu den Eltern? Gut, jedoch erzählt er nicht alles.
- Was wünschen sich die Eltern für ihn bei der Berufswahl? Einen soliden Job, der ihm Sicherheit und langfristig ein gutes Einkommen beschert
- Wem vertraut er bei wichtigen Entscheidungen? Seinen Eltern und Großeltern

Freizeitaktivitäten:

- Was macht er in seiner Freizeit? Zocken am Computer mit seinen Freunden aus der Schule
- Welche Hobbys hat er? Hat mal Fußball gespielt, ist nun aber im ortseigenen Schützenverein wie seine Eltern.
- Was liest er? Wie informiert er sich über für ihn interessante Themen? Er liest weniger und informiert sich über Google-Recherche. Nachrichten aus der Welt interessieren ihn weniger.

Berufsorientierung:

- Wie informiert er sich über Berufe? Er spricht mit seinen Eltern und geht zum Berufsinformationstag der Schule. Sein Pflichtpraktikum bekommt er über seinen Onkel.
- Was denkt er über Arbeit? Arbeit schließt sich für ihn automatisch an Schule an. Arbeit ist wichtig, um ein Haus zu bauen und die Familie zu ernähren.
- Was erwartet er von der Ausbildung? Er hat keine großen Ansprüche, erwartet jedoch einen freundlichen Umgang und hohes Fachwissen aufseiten des Ausbildungspersonals.

Zugegeben: Sebastian ist ein Traumkandidat und sicherlich lässt er sich in ländlichen Regionen auch finden. Zur Darstellung einer Persona war er interessant, um das Prinzip zu verstehen. Bei der Entwicklung eigener Personas berücksichtigen Sie jedoch auch solche Personas, die Sie noch nicht im Unternehmen haben, die Sie ansprechen möchten und denen Sie Chancen bieten. Darunter fallen ältere Bewerber mit abgebrochener Ausbildung, Bewerberinnen mit versorgungsbedürftigen Kindern (Teilzeitausbildung), mit Flüchtlingshintergrund, mit abgebrochenem Studium, im Alter von 45, mit Einstiegsqualifizierung, aus dem prekären Milieu usw.

Persona 2: Marvin, 21 Jahre

Werdegang:

- Welche Schulform hat er besucht? Hauptschule mit Abschluss
- Welchen beruflichen Werdegang hat er gegebenenfalls bereits absolviert? Nach seiner Schulzeit hat er an einer Tankstelle gejobbt, um zum Familieneinkommen beizutragen. In einer Bildungsmaßnahme der Arbeitsagentur hat er ein Jahr Unterricht in naturwissenschaftlichen Fächern gehabt und praktische, technische Übungen absolviert.

Familienverhältnisse:

- Welchem Milieu ist er zuzuordnen? Prekär, er lebt bei seiner Mutter in einem Randbezirk als ältester Sohn mit vier weiteren Geschwistern, sein Vater ist Alkoholiker und kümmert sich nicht um die Familie.
- Welche Berufe üben die Eltern aus? Seine Mutter arbeitet bei einem Discounter an der Kasse und geht am Wochenende in der Nachbarschaft putzen. Sein Vater lebt von Hartz IV.
- Wie ist das Verhältnis zu den Eltern? Er hat ein sehr vertrautes Verhältnis zu seiner Mutter, die allerdings nicht viel Zeit hat. Zu seinem Vater hat er nur sporadisch Kontakt. Er bewundert ihn zum einen für seine rebellische Art, verteufelt ihn aber auch wegen seines Verhaltens der Familie gegenüber.
- Was wünschen sich die Eltern für ihn bei der Berufswahl? Seine Mutter möchte, dass er es besser hat als sie, und freut sich, wenn er sich aus diesem Milieu befreien kann. Sie ist aber auch überfordert und kann ihm nicht helfen. Sein Vater lehnt einen soliden Beruf ab und verurteilt die aktuelle Arbeitswelt.

- Wem vertraut er bei wichtigen Entscheidungen? Seiner Mutter, seinem Betreuer bei der Maßnahme, seinem Sozialarbeiter aus dem Jugendzentrum

Freizeitaktivitäten:
- Was macht er in seiner Freizeit? Er jobbt und trifft sich mit Freunden aus seinem Viertel am Spielplatz, um zu chillen. Manchmal geht er ins Jugendzentrum.
- Welche Hobbys hat er? Keine konkreten
- Was liest er? Wie informiert er sich für ihn interessante Themen? Er liest Anleitungen im Internet, um die Geräte des Haushalts zu reparieren, und schaut sich dazu auch YouTube-Tutorials an.

Berufsorientierung:
- Wie informiert er sich über Berufe? Er wird nun in der Maßnahme informiert und begleitet.
- Was denkt er über Arbeit? Arbeit ist für ihn und seine Familie überlebensnotwendig. Zum anderen ist es auch eine Möglichkeit, seiner Situation zu entkommen.
- Was erwartet er von der Ausbildung? Er erwartet Unterstützung, insbesondere beim schulischen Teil, der ihm Sorgen bereitet. Ein gutes Ausbildungsgehalt hilft ihm, seine Familie zu unterstützen, und ist Baustein für seine Zukunft. Er benötigt darüber hinaus Unterstützung bei sozialen Schwierigkeiten mit anderen Auszubildenden und Regelungen bei privaten Herausforderungen.

Persona 3: Sabrina, 23 Jahre

Werdegang:
- Welche Schulform hat sie besucht? Gymnasium
- Welchen beruflichen Werdegang hat sie gegebenenfalls bereits absolviert? Sie hat ihr Studium der Elektrotechnik abgebrochen. Zur Überbrückung bis zum Ausbildungsstart hat sie zunächst ein Praktikum zur Elektronikerin absolviert und dann einen Job im Kino zum Nebenverdienst angenommen.

Familienverhältnisse:
- Welchem Milieu ist sie zuzuordnen? Pragmatisch-adaptiv, sie ist zielorientiert. Das Studium war allerdings zu schwer für sie und sie wünscht sich eine praktischere Tätigkeit.

- Welche Berufe üben die Eltern aus? Ihre Mutter ist Lehrerin an einer Realschule, ihr Vater ist Werksleiter in einem Automobilbetrieb.
- Wie ist das Verhältnis zu den Eltern? Sie hat ein vertrautes Verhältnis zu ihren Eltern. Beide unterstützen sie stark bei allem, was sie machen möchte. Sie kann über alle Themen offen mit ihren Eltern sprechen.
- Was wünschen sich die Eltern für sie bei der Berufswahl? Die Berufswahl ist ein stark diskutiertes Thema zwischen den Eltern und Sabrina. Ihre Eltern ermutigen sie, alles werden zu können, was sie sich wünscht. Sie sind stolz über den Studienbeginn, unterstützen aber auch eine Entscheidung zu einer guten Ausbildung mit Zukunftsperspektiven und Weiterbildungsmöglichkeiten. Ihr Vater begrüßt die technische Orientierung.
- Wem vertraut sie bei wichtigen Entscheidungen? Die Eltern sind wichtige Verbündete. Aber auch die Freunde aus der Schule, die bereits einen Ausbildungsplatz haben, beeinflussen sie in der Bewertung einer guten Berufswahl.

Freizeitaktivitäten:

- Was macht sie in ihrer Freizeit? Sie schaut gerne Serien online und trifft sich zu Spieleabenden mit ihren Freunden. Klamotten sind ihr weniger wichtig.
- Welche Hobbys hat sie? Keine konkreten
- Was liest sie? Wie informiert sie sich für sie interessante Themen? Sie bringt sich viel über YouTube-Tutorials bei. Sie liest keine speziellen Zeitungen und Zeitschriften, informiert sich aber über das Tagesgeschehen via News-App.

Berufsorientierung:

- Wie informiert sie sich über Berufe? Sie googelt nach infrage kommenden Berufsbildern, stöbert in Jobbörsen, liest sich die Inhalte auf den Firmenwebsites durch und besucht Berufsmessen und Tage der Ausbildung von regionalen Firmen.
- Was denkt sie über Arbeit? Arbeit ist für sie wichtig, um am gesellschaftlichen Leben teilzuhaben. Der erste Job ist die Grundlage für die Zukunft. Eine ständige Weiterbildung (wie bei ihrem Vater) gehört für sie zum Berufsleben dazu. Die Ausbildung ist nicht der letzte Schritt.

- Was erwartet sie von der Ausbildung? Sie erwartet eine innovative, zukunftsträchtige Ausbildung mit modernen Geräten, interessanten Tätigkeitfeldern und viel Know-how beim Ausbildungspersonal. Außerdem erwartet sie die Gelegenheit, interessante Projekte zu übernehmen, und Weiterbildungsmöglichkeiten nach der Ausbildung zu bekommen, z. B. Unterstützung bei einem anschließenden Studium, finanzierte Weiterbildung zur Technikerin.

Diese drei Personas sind fiktiv und sollen illustrieren, wie verschieden diese sein können. Sie verdeutlichen, wie unterschiedlich diese Bewerber erreicht werden, was ihnen in der Ausbildung und danach wichtig ist und wie unterschiedlich sie auch angesprochen werden müssen.

ENTWICKLUNG EIGENER PERSONAS
(zwei bis drei je Zielgruppe)

Name/Alter: ______________________________

WERDEGANG

Welche Schulform hat er oder sie besucht?

____

Welchen beruflichen Werdegang hat er/sie gegebenenfalls bereits absolviert?

____

FAMILIENHINTERGRUND

Welchem Milieu ist er/sie zuzuordnen?

____

Welche Berufe üben die Eltern aus?

____

Wie ist das Verhältnis zu den Eltern?

Was wünschen sich die Eltern für ihr Kind bei der Berufswahl?

Wem vertraut er/sie bei wichtigen Entscheidungen?

FREIZEITAKTIVITÄTEN

Was macht er/sie in der Freizeit?

Welche Hobbys hat er/sie?

Was liest er/sie? Wie informiert er/sie sich über interessante Themen?

BERUFSORIENTIERUNG

Wie informiert er/sie sich über Berufe?

Was denkt er/sie über Arbeit?

Was spricht ihn/sie an?

Überlegen Sie darüber hinaus, welche weiteren Fragen noch interessant wären. Nach der Entwicklung Ihrer eigenen Personas sollten Sie sich folgende Fragen stellen:

- Möchten Sie diese(n) Auszubildende(n) ausbilden? Passt er / sie zu Ihrem Unternehmen?
- Wie können Sie ihn / sie von Ihrem Unternehmen überzeugen? Was spricht ihn / sie in der Bewerbung an? Welche Begrifflichkeiten sollten erwähnt werden?
- Durch welches Medium wird er / sie erreicht?
- Welche Kriterien zur Auswahl sollten / können Sie anlegen?

Es bietet sich an, Personas auch für die Sekundärzielgruppen zu entwickeln. Beispielsweise können Eltern ihre Kinder im Berufsorientierungsprozess beeinflussen und das Hobby der Eltern kann eine Rekrutierungsplattform sein.

Einmal entwickelt gilt es, die getroffenen Annahmen zu überprüfen und auch zu verfeinern. In einer Diskussion unter Ausbildern zur Entwicklung einer Persona für einen Fachinformatiker stellte sich in einem Unternehmen heraus, dass viele der Zielgruppe in diesem Unternehmen auch das Hobby Modellbau ausüben und sich über spezielle Foren austauschen. Dann in diesen Foren Stellenanzeigen zu schalten, war nicht nur vergleichsweise günstig, sondern auch effektiv.

▷ **TIPP zur Umsetzung: Entwickeln Sie pro Ausbildungsberuf zwei bis drei Personas mit unterschiedlichem Hintergrund. Achten Sie darauf, dass Sie möglichst keine Persona am Vorbild eines vorhandenen Azubis entwickeln. Es birgt die Gefahr, dass Sie nah an dem Bekannten bleiben und Klone suchen, die es gegebenenfalls nicht gibt, da z. B. das Hobby des bereits bekannten Azubis reiner Zufall ist.**

Stellenanzeigen heute

Nachdem die relevanten Personas offenkundig und Kriterien zur Auswahl definiert sind, können Stellenanzeigen verfasst werden. Während man sich früher darauf beschränkte, die Anforderungen an die Bewerberinnen und Bewerber aufzulisten, ist die Stellenanzeige heute mehr als Marketingmaßnahme zu verstehen. In einer Stellenanzeige verkauft sich das Unternehmen und es verkauft auch den Ausbildungsberuf (s. Glossar: Employer-Branding). So kann die Anzeige verschiedene Formen annehmen: Ein kurzes Video, ein Slogan, eine ausführliche Stellenbeschreibung sind nur drei Beispiele aus einer Menge an kreativen Möglichkeiten und Facetten.

Bei der *Stellenbeschreibung* sollten Sie auf folgende Punkte achten:

- Wie lautet der Titel der Stellenanzeige? Googeln die Interessenten danach?
- Denken Sie an m/w/d – männlich, weiblich, divers.
- Wo soll die Stellenausschreibung dargestellt werden?
  Eine Auflistung auf der Website, ein Ausdruck für das schwarze Brett, in den Social-Media-Kanälen? – Davon ist abhängig, wie umfangreich die Anzeige sein kann, in welchem Format und welchem Layout sie erscheint.
- Findet sich das Layout der Stellenbeschreibung im Layout der Website und anderer Werbematerialien wieder?
  Damit schaffen Sie einen Wiedererkennungswert und Klarheit (CI-konforme Darstellung als Teil vom Employer-Branding).
- Haben Sie Ihre Besonderheiten und Vorzüge als Ausbildungsbetrieb dargestellt (s. Glossar: USP)?
  Sie müssen Ihren Ausbildungsbetrieb verkaufen und das geschieht auch in der Stellenbeschreibung.
- Haben Sie eine zielgruppengerechte Sprache gewählt?
  Die Du-Form und Begriffe, die die Persona wählen würde und vorzieht, sollten in der Beschreibung vorkommen. Gegebenenfalls gibt es mehrere Stellenausschreibungen pro Ausbildungsberuf je nach Verwendung und Persona. Achten Sie auch darauf, nur kurze Sätze oder am besten Aufzählungszeichen zu verwenden. Lange Sätze behindern den Lesefluss und werden ungern von der jungen Zielgruppe gelesen.

- Spricht die Bildsprache die Zielgruppe an?
  Verwenden Sie echte, aktuelle Fotos von Ihren Auszubildenden und Mitarbeitern.
- Wo sind weitere Informationen zu finden?
  Listen Sie auf, welche Unterlagen für eine Bewerbung zunächst wirklich benötigt werden. Vielleicht lassen sich diese in einem Online-Formular abfragen. Geben Sie Kontaktdaten an. Überlegen Sie, ob Sie einen WhatsApp-Bewerberservice anstatt einer Büronummer einrichten wollen.

Der nächsten Schritte sind nun die Auswahl geeigneter Marketingkanäle (ggf. muss die Stellenanzeige in ihrer Form darauf noch einmal angepasst werden) und die Begleitung des Bewerbers durch den Bewerbungsprozess.

Candidate Experience – oder wie Sie eine Beziehung zu Ihrem Bewerber führen

Der Ausbildungsbetrieb bewirbt sich auch beim Bewerber. Daher geht es im Marketing um Beziehungsaufbau und die Pflege dieser Beziehung. Im Personalmarketing spricht man von »Candidate Experience« (deutsch: Kandidatenerfahrung). Damit sind die Erfahrungen und Eindrücke gemeint, die eine Bewerberin im Laufe ihres Bewerbungsprozesses sammelt. Eine Schülerin oder ein anderer Bewerber auf der Suche nach einem Ausbildungsplatz sammelt vom ersten Kontakt bis zur eigentlichen Bewerbung Eindrücke, die sie oder ihn zur Bewerbung ermutigen oder davon abhalten. Kontaktpunkte sind etwa das Produkt des Unternehmens, Radiowerbung, ein Messeauftritt, die Gestaltung der Stellenanzeige, ein Vortrag auf dem Berufsinformationstag, der Webauftritt, die Beiträge auf verschiedenen Social-Media-Plattformen u. v. m.

Dieser erste Eindruck kann schon entstehen, lange bevor sich die Person mit der Berufswahl beschäftigt. Ein Unternehmensbesuch in der Grundschule, die Teilnahme an einem Technik-Camp während der Ferien oder auch Gespräche über die Firma im Elternhaus sind Einflüsse, die die Berufswahl später prägen werden.

Bis es zu einer Bewerbung kommt, benötigt der Interessent mehrere Kontaktpunkte. Daher ist ein Marketing-Mix aus verschiedenen Instrumenten hilfreich – insbesondere wenn z. B. Ausbildungsmessen durch Kontaktverbote nicht wie gehabt stattfinden können. Aber auch die internen Prozesse wie schnelle Reaktion auf Bewerbungen, Rückmeldung zu Zu- und Absagen, Umgang mit B-Kandidaten sowie mit Bewerbungen nach Bewerbungsende beschreiben die Beziehung zur Bewerberin oder zum Bewerber.

Folgende Besonderheiten sind bei Bewerbungen für eine Ausbildung zu bedenken:

- Die Kandidaten bewerben sich das erste Mal und sind Bewerbungsprozesse nicht gewohnt.
- Sie befinden sich aus unterschiedlichen Gründen in einem Berufsorientierungsprozess, der bis zum Ende der Ausbildung gehen kann.
- Schülerinnen und Schüler bringen wenig praktische Vorerfahrungen mit, die ihnen Eindrücke über den Ausbildungsberuf wie auch das Arbeitsleben an sich liefern.

Durch dieses geringe Vorwissen entscheiden sich die Bewerberinnen und Bewerber zum selben Ausbildungsberuf für unterschiedliche Ausbildungsbetriebe häufig danach, wie sie den ersten Kontakt zum Unternehmen empfunden haben, etwa auf einer Messe, und was ihre Eltern dazu sagen. Überlegen Sie daher, welches Erlebnis Sie den Bewerbern vom ersten Kontakt über den Bewerbungsprozess bis hin zur Einstellung vermitteln wollen und wie Sie das in den einzelnen Schritten umsetzen. Bleiben Sie dabei glaubhaft und zeigen Sie, wie es hinter den Kulissen aussieht. Erscheint eine technische Ausbildung nach außen hochwertig und machen Interessenten während des Bewerbungsprozesses oder spätestens danach die Erfahrung, dass das nur schöner Schein war, führt das früher oder später zum »Beziehungsabbruch«.

Bei diesem Beziehungsaufbau sind insbesondere Menschen wie das Ausbildungspersonal, aktuelle und übernommene Auszubildende wichtig – inklusive Ihnen als Ausbildungsverantwortlicher –, weil sie diese Beziehung prägen.

Alte Werbungstools auf dem Prüfstand

Beim Thema Ausbildung 4.0 stellt sich angesichts der Beobachtung der jungen Generation die Frage, ob junge Menschen überhaupt noch mit analogen Werbemitteln wie Flyern, Stellenanzeigen in Tageszeitungen oder Berufsmessen erreicht werden können. Wie in den letzten Kapiteln deutlich wurde, hängt die Wahl der Werbemittel stark von der Persona ab. Analoge Werbemittel haben demnach noch ihre Berechtigung, eine Kombination aus digitaler und analoger Ansprache ist hilfreich. Die verschiedenen analogen Marketingkanäle lassen sich aufteilen in Kooperationen, interne Veranstaltungen und Aktivitäten, Werbung sowie Messen und Wettbewerbe. Sie werden nun einmal genauer betrachtet:

Kooperationen

Berufsorientierung an (Hoch-)Schulen

Viele Schulen bieten für ihre Schülerinnen und Schüler höherer Klassen verschiedene Informationsangebote zur Berufsorientierung an. Es gibt Sprechstunden von Berufsberatern der Agentur für Arbeit oder von Berufsberatungslehrkräften. Letztere sind offen für zusätzliche Angebote, die in Kooperation mit Unternehmen organisiert werden. Seien es Vorträge, kleine Workshops oder Bewerbungstrainings, die Teilnahme an Berufsorientierungsmessen oder -tagen oder das Sponsoring von Sportveranstaltungen. Meist sind diese Kooperationen mit Schulen sehr effektiv, verhältnismäßig kostengünstig und sie benötigen nur die Zeit Ihrer Auszubildenden, die sich hier selbst einbringen und Schülerinnen und Schüler begleiten können.

Insbesondere zur Gewinnung von Studienabbrechern bietet es sich an, Kontakt mit dem Career Service der Hochschulen (Fachhochschulen, Universitäten) sowie mit den Studienberatern aufzunehmen. Diese haben ein Interesse daran, Studierende, die Schwierigkeiten oder Fragen bezüglich ihres Studiums haben, zu begleiten. Auch die Berufsmessen der Hochschulen sind an dieser Stelle interessant, wenn Ihr Unternehmen für Berufseinsteiger nach dem Studium auf diesen Messen ausstellt.

Agentur für Arbeit

Die Agentur für Arbeit ist ein wichtiger Partner in der Rekrutierung. Zunächst wird deren Stellenbörse von Bewerbern genutzt, weil sie diese Information von ihren Lehrern erhalten. Darüber hinaus ist die Arbeitsagentur regional stark unterstützend tätig bei der Vermittlung und Integration von

- Auszubildenden mit Flüchtlingshintergrund,
- Schülerinnen und Schülern, die zunächst für eine Einstiegsqualifizierung (EQ) infrage kommen,
- Schülern oder Schulabbrechern, die für eine berufsvorbereitende Maßnahme infrage kommen,
- junge Mütter und Väter mit Bedarf nach einer Teilzeitausbildung,
- Umschülerinnen und Umschülern,
- Studienabbrechern.

Azubi-Speed-Dating der IHK

Das Azubi-Speed-Dating der IHK hat sich in einigen Regionen als gute Möglichkeit der kurzfristigen (Nach-)Besetzung herausgestellt und wird zunehmend von Unternehmen genutzt, um noch nicht besetzte Stellen zu füllen.

Initiativen zur Berufsorientierung

Darüber hinaus gibt es viele regionale und deutschlandweite Initiativen, die es sich zur Aufgabe gemacht haben, Berufsorientierung und Ausbildungsreife bei Lernschwachen und sozial Benachteiligten zu fördern. Bekannte Beispiele sind »Rock your life«, »TeachFirst« und »Phase BE« mit unterschiedlichen Ansätzen. Diese Initiativen sind zum einen auf die Unterstützung und Kooperation durch Unternehmen angewiesen, zum anderen bieten sich hier gute Möglichkeiten, Kandidaten zu begleiten und die Passung zum Unternehmen zu überprüfen.

Interne Veranstaltungen und Aktivitäten

Nacht der Ausbildung

In vielen Städten und Regionen organisieren mehrere Firmen gemeinsam beispielsweise an einem Freitagabend eine »Nacht der Aus-

bildung«. Dabei können Schülerinnen und Schüler, Eltern und weitere Interessierte die Unternehmen besuchen und einen Blick hinter die Kulissen werfen. Häufig fährt ein Shuttlebus von Unternehmen zu Unternehmen. Wie die Ausbildung umgesetzt wird, kann vor Ort deutlich besser dargestellt werden. Praktische Übungen, ein Rundgang, ein Lounge-Bereich, in dem man ins Gespräch kommt, Übungen mit der VR-Brille, wenn diese im Unternehmen eingesetzt wird, und vieles Weitere ist einfacher möglich als auf einer Messe.
Solch eine Nacht kann auch virtuell abgebildet werden.

Betriebsrundführungen

Rundführungen über das Betriebsgelände im Rahmen des »Tags der offenen Tür« sind vor allem für bekannte und größere Unternehmen interessant. Hier ist es hilfreich, weniger zu zeigen, welche Berufsfelder angeboten werden, sondern eher, *wie* gearbeitet und ausgebildet wird. Vermitteln Sie weniger die Geschichte des Unternehmens und stellen Sie stattdessen vor, wie die Ausbildung bei Ihnen konkret aussieht. Auch Auszubildende können hier sehr gut unterstützen, um einen Einblick aus ihrer Sicht zu geben und bei etwaigen Fragen der Interessenten zur Verfügung zu stehen. Eine Begleitung des Arbeitsalltags eines Auszubildenden sowie eine Betriebsrundführung kann auch über eine Instagram-Story gut abgebildet werden.

Innovative Events

Um Aufmerksamkeit zu erregen und sich immer wieder als attraktiver Arbeitgeber im Sinne des Employer-Brandings in Erinnerung zu rufen, führen Unternehmen verschiedenste Veranstaltungen durch. Technik-Camps werden etwa in den Schulferien veranstaltet, die zum einen das Ziel haben, Schülerinnen und Schüler für das Thema Technik zu begeistern, zum anderen, Eltern zu zeigen, wie ausgebildet wird, und einen Blick hinter die Kulissen zuzulassen. Viele der Teilnehmerinnen und Teilnehmer können sich ein paar Jahre später als Praktikanten oder Auszubildende bewerben.

Unternehmen, die Fachinformatiker suchen, führen z. B. E-Sport-Wettbewerbe durch, bei denen die Teilnehmer gegeneinander Online-Spiele spielen und einen Preis gewinnen können. Programmierinteressierte werden zu Programmier-Workshops eingeladen oder zu sogenannten Hackathons, bei denen eine Aufgabe mit bereits vorhandenen Programmierkenntnissen gelöst werden muss. Nicht selten kommen auch Schüler und Eltern zu solchen Veranstaltungen, die eigentlich an anderen Ausbildungsberufen interessiert sind, jedoch neugierig sind und die Innovation des Events würdigen. Ebenso locken Events, bei denen mit VR-Brillen gespielt wird oder eine Baustelle, Werkstatt bzw. Hotelanlage in der virtuellen Welt besucht wird.

Praktika

Einige Unternehmen bieten Schülerpraktika an. Dabei ist es hilfreich, bereits im Vorfeld mit den Kooperationsschulen in Kontakt zu treten, um die Zeitpunkte der Praktika festlegen und intern organisieren zu können. Auch kann die Schule Werbung für Praktika in den Schulferien machen durch den Berufsorientierungslehrer, über das Schwarze Brett oder über andere Veröffentlichungen wie eine Information an die Eltern. Es hat sich als guter Rekrutierungskanal erwiesen, wenn die Praktika vorbereitet und gut organisiert sind und im Nachhinein die Möglichkeit besteht, mit vielversprechenden Bewerbern in Kontakt zu treten. Beispielsweise bieten einige Unternehmen an, dass interessante Praktikanten eine »Wild Card« bekommen und bei Interesse die Möglichkeit haben, direkt ein Vorstellungsgespräch für ihren Wunschberuf zu vereinbaren. Je nach Zeitpunkt des Praktikums sollte auch ein Bindungsprogramm bis zur Bewerbungsmöglichkeit forciert werden.

Mitarbeiterkinder und Multiplikatoren

Wie bedeutend es ist, als Ausbildungsleiter oder Ausbilder Multiplikator für die Ausbildung zu sein, wird am Rekrutierungskanal »Mitarbeiterkinder« deutlich. Häufig ist den Mitarbeitern gar nicht bekannt, dass das eigene Unternehmen ausbildet bzw. welche Berufe ausgebildet werden. Über Mitarbeiterzeitungen, interne Post und weitere Kanäle sollten Unternehmen stärker die eigenen Mitarbeiter in den Fokus nehmen. Auch hierbei haben sich klare Regelungen bewährt. Beispielsweise bedeutet die Bewerbung eines Mitarbeiterkindes, dass dieses direkt zum Vorstellungsgespräch eingeladen wird oder der entsprechende Mitarbeiter bei Werbung in seiner Familie, im Freundes- oder Bekanntenkreis eine Prämie bekommt. Klare Regelungen beugen vor, dass es im Nachhinein nicht zu Missverständnissen kommt.

Werbung

Zeitungsanzeigen

In regionalen Tageszeitungen, Zeitschriften und auch in regionalen Anzeigenblättern sind immer noch Stellenausschreibungen zu finden. Die junge Generation wird eher selten durch diese Medien auf Ausbildungsstellen aufmerksam. Dennoch bieten sie sich in ländlichen Regionen immer noch an. Zeitungen werden in diesem Fall von der Sekundärzielgruppe (Eltern, Großeltern, Lehrkräfte) gelesen und erreichen somit schlussendlich auch die Schülerinnen und Schüler. Grundsätzlich sucht jedoch keiner der Jugendlichen in der Zeitung nach Ausbildungsstellen und daher verliert dieses Medium in der Jobsuche immer mehr an Bedeutung und ist nicht mehr zwingend zu nutzen.

Schwarzes Brett in der Schule

Das Schwarze Brett in den Kooperationsschulen bietet sich für die Bewerbung von Veranstaltungen wie Tag der offenen Tür, Nacht der Ausbildung oder Ähnliches an. Konkrete Ausschreibungen für Ausbildungsstellen werden nur gelesen, wenn das Unternehmen bereits bekannt ist. Als wichtige Faktoren sind hier der Ort des Schwarzen Brettes sowie die Aktualität der Informationen zu berücksichtigen.

Messen und Wettbewerbe

Berufs- und Ausbildungsmessen

Eine teils kostspielige, aber auch bekannte Marketingmaßnahme sind Ausbildungsmessen. Diese haben etwa im Vergleich zu einem Werbeplakat in Bus und Bahn den Vorteil, dass dort bereits interessierte Schüler und Eltern vor Ort sind. Unternehmen kommunizieren hier mit Größe und Ausstattung ihres Messestandes und gegebenenfalls mit Give-aways (Werbegeschenken). Give-aways dienen eher als Lockinstrument, um ins Gespräch zu kommen. Der Kugelschreiber hat allerdings ausgedient. Es bietet sich an, Messen gezielt auszuwählen und zu testen, da die Anzahl an wirklichen Interessenten sehr unterschiedlich ist. Einige Ausbildungsmessen ermöglichen es, Vorstellungsgespräche im Vorhinein zu vereinbaren, was den Mehrwert für Sie steigert. Achten Sie darauf, dass Sie positiv auftreten, und nehmen Sie Ihre

Azubis mit. Schüler trauen sich eher Fragen an Gleichaltrige zu stellen. Messeveranstalter bieten nun auch zunehmend Online-Messen an, bei denen Vorstellungsgespräche per Videochat durchgeführt werden.

Bei der Entscheidung für oder gegen die Mitwirkung sollten Sie auch berücksichtigen, was es bedeutet, wenn Sie etwa als regional ansässiger Arbeitgeber nicht auf der Messe erscheinen. Dies kann kontraproduktiv wirken, da man es von Ihnen als attraktiver Arbeitgeber erwartet.

Challenges und Wettbewerbe
Kleine Aufgaben und Herausforderungen, die von Unternehmen ausgerufen werden, führen zu höherer Aufmerksamkeit auf das Unternehmen selbst und auch auf das Thema Ausbildung. Beispielsweise werden Programmieraufgaben gestellt, die bis zu einem bestimmten Tag eingereicht werden müssen und für die es einen Preis zu gewinnen gibt. Andere Beispiele sind die Mitwirkung beim Entwerfen von Arbeitskleidung, Logodesign, Einrichtung des Pausenraums, Gestaltung eines Spielplatzes im Ort usw. Interessierte dürfen Vorschläge einreichen, abstimmen oder sogar mitarbeiten. Auch hier ist der Bezug zur Ausbildung zielführend.

Beispiel »Edeka Waste Watching: Verpackung unter der Lupe«
Schüler wurden dazu aufgefordert, Verpackungen von Edeka zu untersuchen und kreative Lösungsansätze zu entwickeln, um weniger Verpackungsmaterial zu verwenden. Wichtig ist zu beachten, dass diese Veranstaltungen etwas mit den Produkten und der Arbeitsweise zu tun haben und gegebenenfalls einen Ausbildungsbezug haben.

Um herauszufinden, welche analogen Marketingkanäle für Sie sinnvoll sind:

- Befragen Sie zukünftig die Bewerberinnen und Bewerber, wie sie auf Ihren Betrieb aufmerksam geworden sind. Lassen Sie Mehrfachantworten zu.
- Schauen Sie sich Ihre Zielgruppen und Personas genau an.
- Holen Sie sich Unterstützung bei Events und Themen, bei denen Sie sich nicht gut auskennen.

Digital rekrutieren: Rund um die Karriere-Website

Beim digitalen Ausbildungsmarketing denken viele zunächst nur an Social-Media-Kanäle. Diese haben ihre Bedeutung, jedoch sind sie nur effektiv nutzbar, wenn die Website und der Internetauftritt dazu passen. Die meisten genannten analogen Rekrutierungsmöglichkeiten und die noch offenen digitalen Möglichkeiten führen zwangsläufig immer zur Karriere-Website des Unternehmens. Um sich zu informieren, zu vergleichen oder sich zu bewerben.

Wie sieht Ihre Karriere-Website für Schülerinnen und Schüler aus?

Eine Karriere-Website ist meist in der Unternehmensseite mit eingebunden. Einige Ausbildungsunternehmen haben jedoch bereits ihre eigenen Ausbildungsseiten entwickelt. Der Blick auf die meisten Unternehmenswebsites und Unterseiten unter dem Stichwort »Karriere« zeigt eines: Es gibt für Bewerber, insbesondere für Schülerinnen und Schüler, viele Hürden, die sie von Bewerbungen abhalten. Verabschieden Sie sich davon, dass das Durchhalten auf Ihrer Website etwas mit Motivation zu tun hat. Vielmehr hat es etwas mit Leidensfähigkeit und hoher Frustrationstoleranz der Bewerber zu tun. Eine Candidate Journey (deutsch: Kandidatenreise) sollte jede Karriere-Website für die unterschiedlichen Nutzer (Interessenten, Vergleicher, Bewerber) möglichst einfach gestalten.

Folgende Hinweise helfen Ihnen, Ihre **Karriere-Website** hinsichtlich einer »Enthürdung« zu überprüfen:

- **Wie wirkt die Website?**
  Die Website sollte aktuell und modern wirken. Ein klares Design ermöglicht die Navigation durch die Unterpunkte. Auch sollte die Website responsive (mobil optimiert) sein.
- **Ist der Bereich Ausbildung mit zwei Klicks zu erreichen?**
  Beachten Sie: Eine Schülerin im Alter von 16 bis 18 Jahren verbindet mit »Karriere« eine Rubrik für Akademiker, Berufserfahrene und Führungskräfte. Hilfreicher ist es daher, den Begriff »Ausbildung« zu verwenden.

- **Wie ist die Navigation gestaltet?**
  Der Nutzer sollte immer wieder zum Hauptmenü zurückfinden. Der Bewerber fühlt sich angesprochen und findet seine Zielgruppe »Ausbildung« vor.
- **Findet der Bewerber Ihre Vorzüge als Ausbildungsbetrieb auf der Website?**
  Achten Sie auf eine kurze Auflistung der Besonderheiten Ihres Unternehmens und Ihrer Ausbildung wie mögliche Entwicklungsperspektiven, Ausbildungsgehalt, besondere Inhalte usw., auch im Vergleich zur Konkurrenz.
- **Wie sieht die Bildsprache aus?**
  Die Art der Bilder gibt einen Eindruck, wer im Unternehmen arbeitet und ob man sich mit diesen Personen identifizieren kann. Aktuelle Bilder von echten Mitarbeiterinnen und Ansprechpartnern sind zwingend notwendig. Hilfreich sind auch Bilder von Auszubildenden oder Mitarbeitern bei der Arbeit.
- **Wie sehen die Videos aus?**
  Wenn Sie noch keine Videos haben, dann sollten Sie welche (max. 2 Minuten) mit Untertiteln erstellen. Die meisten Videos werden stumm angeschaut. Erfahrungsgemäß sind Videos, die von Auszubildenden gedreht wurden und weniger professionell gestaltet sind, beliebter und geben einen besseren Eindruck hinter die Kulissen. Dabei kann die Ausbildung allgemein vorgestellt werden oder kurz jeder Ausbildungsberuf.
- **Wie klar ist der »Call-to-Action« (Aufruf, etwas zu tun)?**
  Ein »Call-to-Action« ist meist ein gut erkennbarer Bewerben-Button, der den Bewerber direkt zur Bewerbung leitet. Nutzer, die auf der Website sind, haben unterschiedliche Gründe: Einige wollen sich zunächst informieren, andere vergleichen spezielle Informationen und nur wenige bewerben sich direkt. Für alle müssen die Informationen passgenau aufbereitet sein.
- **Wo und wie kann der Bewerber Kontakt herstellen?**
  Kontaktdaten wie Telefonnummer, E-Mail-Adresse und ein aktuelles Foto des Ansprechpartners bieten sich an.
- **Wie sehr hält alleine das Bewerbungsprozedere vom Bewerben ab? Wie einfach ist es gestaltet**?
  Der Bewerber sollte beim Klick auf den »Bewerben-Button« zum Bewerbungsformular mit dem bereits ausgewählten Ausbildungsberuf kommen. Außerdem sollte insbesondere ein Schüler nicht

unnötige, bereits im Zeugnis aufgelistete Informationen doppelt ausfüllen müssen. Es ist das erste Mal, dass dieser sich bewirbt. Nicht jeder Laptop kann ein PDF erstellen, der Schüler ist nicht darauf vorbereitet, ad hoc ein Motivationsschreiben zu verfassen. Auch sind die meisten Bewerbungsformulare auf Berufserfahrene eingestellt – dies sind Hürden, die Sie abbauen sollten.

- **Wie geht es danach weiter?**
  Der Bewerber sollte nach Eingabe sofort eine Eingangsbestätigung mit weiteren Schritten erhalten. Länger als zwei Wochen sollte er nicht auf eine Antwort warten. Positiv fallen Sie als Ausbildungsbetrieb auf, wenn Sie sich innerhalb von 24 Stunden zurückmelden.

Ein Beispiel für eine klar strukturierte Karriere-Website sehen Sie hier:

Abbildung 7: Karriereseite der Schufa (https://karriere.schufa.de/schueler/)

Ein Beispiel für ein gelungenes Video über einen Ausbildungsberuf ist das der Netze BW über die technische Ausbildung: https://www.netze-bw.de/unternehmen/karriere/technische-ausbildung#1-2.

Chatbots

Einige wenige Unternehmen testen Chatbots im Recruiting. *Chatbots* sind Computerprogramme, die bei einfachen Anliegen mit dem Nutzer einer Website sprechen. Vorteile sind die Erreichbarkeit rund um die Uhr und die Beantwortung von häufigen Bewerberfragen. Zudem entlastet dies die Bewerberhotline. Bots können beispielsweise bei Fragen zu den nächsten Messeterminen, zum Bewerbungsprozedere oder zu Informationslinks für einzelne Ausbildungsberufe unterstützen. Die individuelle Ansprache bleibt aus. Ein persönlicher Kontakt via Live-Chat wäre aktuell eine bessere Alternative.

One-Click-Bewerbungen

Recht neu sind auch sogenannte One-Click-Bewerbungen, bei denen der Bewerber sich einmal auf einer Plattform, meist einer Stellenbörse, registriert und sich dann mit dem dort gepflegten Profil auf ausgeschriebene Stellen mit »einem Klick« bewerben kann. Im besten Fall sind die Systeme mit dem eigenen Bewerbungsmanagementtool verbunden. Ähnliche Lösungen gibt es bereits auf Karriere-Websites, bei denen man sich mit seinem XING- oder LinkedIn-Profil mit wenigen Klicks bewerben kann. Eine gleichwertige Lösung für Schülerinnen und Schüler gibt es aktuell noch nicht, da diese nicht auf beruflichen Netzwerken registriert sind. Die Daten von Facebook und Instagram sind nicht hilfreich.

Google for Jobs

Laut der Studie »Azubi-Recruiting Trends 2019« der Firma u-form Testsysteme suchen 84,3 Prozent der Bewerber über Google nach einem Ausbildungsplatz. Das bedeutet umso mehr, dass die Website, Stellenbeschreibungen, aber auch der gesamte Internetauftritt eines Unternehmens gepflegt und aufgeräumt werden müssen. Über Google gelangen die Interessenten und Bewerber zu Ihrem Internetauftritt.

Während es noch vor Kurzem nur wichtig war, eine gut gerankte Website zu haben, um Bewerber auf die Seite zu bringen, reicht dies seit einer neuen Funktion von Google nun nicht mehr aus. »Google for Jobs« bündelt jetzt die Stellenausschreibungen der verschiedenen Jobbörsen bzw. Ausbildungsbörsen und stellt diese für die Bewerberinnen und Bewerber geordnet dar. Dabei greift »Google for Jobs« auf alle Stellenausschreibungen der kostenpflichtigen Stellenbörsen, aber auch auf XING und LinkedIn zu. Für Interessenten sind die Stellen nun viel übersichtlicher dargestellt. Sie müssen nicht mehr einzelne Websites anklicken oder sich durch verschiedene Jobbörsen mühen. Darüber hinaus haben sie die Möglichkeit, ihre Suche regional zu begrenzen und sich mit einem »Alert« (Alarm) bei neu eingestellten Jobs benachrichtigen zu lassen. Die Bewerbung erfolgt dann direkt bei der Stellenbörse.

Für Ausbildungsbetriebe bedeutet dies, dass die Stellen in jedem Fall bei Online-Stellenbörsen eingepflegt sein müssen. Nur so sind die Stellenanzeigen über Google auffindbar und kommen direkt in einen blauen Kasten. Insbesondere kleinere Unternehmen haben ohne die prominente Darstellung in dem auffälligen blauen Kasten keine Möglichkeit, von Bewerbern gefunden zu werden.

Googeln Sie Ihre Ausbildungsstellen einmal und schauen Sie, wie Ihr Ranking ist und wie schnell die Stellen gefunden werden.

Online-Stellenbörsen

Die Notwendigkeit, durch »Google for Jobs« bei Online-Stellenbörsen registriert zu sein und regelmäßig aktuelle Jobs zu posten, ist offensichtlich. Zusätzlich hat die Studie »Azubi-Recruiting Trends 2019« herausgefunden, dass 54,1 Prozent der Befragten bei der Jobbörse der Agentur für Arbeit suchen und 51,7 Prozent der Teilnehmer kostenpflichtige Jobbörsen wie aubi-plus.de und ausbildung.de nutzen.

Folgende Ausbildungsbörsen haben sich in den letzten Jahren etabliert. Diese sind durch den häufigen Zugriff und das Einstellen neuer Jobs gut gerankt:

- aubi-plus.de
- ausbildung.de
- azubiyo.de

Schauen Sie sich die verschiedenen Jobbörsen an und testen Sie sie. Die oben genannten Jobbörsen sind bundesweit ausgerichtet. Es gibt jedoch auch Jobbörsen, die regional ein besseres Ranking haben. Diese sollten dann bevorzugt werden. Sie finden sie ebenso über die Google-Suche nach dem Ausbildungsberuf. Grundsätzlich reicht es aktuell aus, bei einer Plattform registriert zu sein. Jedoch bietet es sich an, das Ranking immer wieder zu kontrollieren.

Bewertungsplattformen

Was die meisten schon von Plattformen für die Reise- oder Restaurantbuchung kennen, hat nun auch in der Bewertung von Arbeitgebern Einzug gehalten. Durch »Google for Jobs« sind diese Bewertungen noch präsenter, da sie direkt unter dem Jobangebot dargestellt werden. Ausbildungsverantwortliche, die diese Plattformen ignorieren, laufen Gefahr, dass eine Hürde im Bewerbungsprozess aufgebaut wird, auf die sie maßgeblich Einfluss haben.

Auf »kununu« sind verschiedene Bewertungsmaßstäbe angesetzt. Unternehmen werden als Arbeitergeber bewertet – auch von Auszubildenden. Darüber hinaus können Bewerber aber auch Rückmeldung zum Bewerbungsverfahren geben.

Diese Bewertungen sind anonym und natürlich subjektiv. Tendenziell ist es wie auf anderen Plattformen so, dass eher aktuelle und ehemalige Mitarbeiter, Bewerber und Auszubildende dort bewerten, die unzufrieden sind. Die Facetten der Bewertungsmöglichkeiten ermöglichen es jedoch auch, differenziert zu bewerten. Interessant sind insbesondere die Freitextfelder, bei denen man etwaige Missstände leicht herauslesen kann. Handelt es sich um einen Einzelfall? Kommt die Bewertung von einem »Troll« (Person im Internet, die es ausschließlich auf Provokation absieht), weil es z.B. den Standort nicht gibt? Sind es handlungsbedürftige Rückmeldungen oder gibt es konkrete Vorfälle, die sich häufen? Auch das können Interessenten und Bewerber herauslesen. Sie nehmen sich zunehmend Zeit dafür zu recherchieren.

Rückmeldungen aus verschiedenen Unternehmen zeigen, dass eine Häufung von negativen Bewertungen und eine Durchschnittszahl von unter 3,8 zu weniger oder gar keinen Bewerbungen führt. Beispiele für negative Bewertungen in Freitextfeldern sind etwa folgende:

- »Kein Spaß, nur Stress und Frust, als Azubi wird man nur ausgenutzt und man macht immer dieselben Tätigkeiten.«
- »Vom Vorgesetzten sehr wenig Respekt.«
- »Im 1. und 2. so viel Ausbildungsvergütung wie ein Arbeitsloser.«
- »Man kommt als Traube und geht als Rosine.«

Zwei mögliche Gründe dafür sind: Es läuft wirklich schlecht und das Unternehmen ist ein weniger guter Arbeitgeber oder die zufriedenen Mitarbeiter kennen die Plattform nicht. Ein richtig guter Arbeitgeber, mit dem Bewerber und Mitarbeiter zufrieden sind, wird auf diesen Plattformen nicht sehr schlecht bewertet.

Schlechte Bewertungen – was tun?

1. Nutzen Sie die Plattform, um Rückmeldungen über Ihre Arbeit, den Bewerbungsprozess und Ihr Employer-Branding zu gewinnen. Arbeiten Sie an diesen Missständen.
2. Kontrollieren Sie regelmäßig Bewertungen im Internet. Viele Anbieter bauen diese Bewertungsmöglichkeiten verstärkt in ihre Websites ein.
3. Reagieren Sie auf Bewertungen, indem Sie freundlich »Trolle« aufdecken (»Vielen Dank, aber es gibt diesen Standort gar nicht«), sich für tolle Bewertungen bedanken und bei negativen Bewertungen Gesprächsbereitschaft anbieten oder auch unternommene Handlungsmaßnahmen aufführen.
4. Zeigen Sie Ihren zufriedenen Mitarbeitern und Azubis die Bewertungen und kommen Sie mit ihnen ins Gespräch. Bitten Sie sie um aufrichtige Bewertungen. Zufriedene Mitarbeiter und Auszubildende werden dies bei Anblick der negativen Bewertungen automatisch tun.

Zertifizierung

Darüber hinaus gibt es noch Zertifizierungen für gute Arbeitgeber und Ausbildungsbetriebe. Hier haben die »Azubi-Recruiting Trends 2019« allerdings gezeigt, dass diese Zertifizierungen bzw. Gütesiegel für

50,3 Prozent der Befragten nicht ausschlaggebend für die Bewerbung sind. Die zu investierenden Kosten sollten daher mit den Erkenntnissen aus der Prüfung in Relation gesetzt werden. Durch die Untersuchung können Ausbildungsbetriebe Handlungsmaßnahmen ableiten.

Im Ausbildungsbereich bekannt ist »*Ausgezeichneter Ausbildungsbetrieb*«. Das Gütesiegel erhalten Unternehmen bei positiven Ergebnissen einer anonymen Befragung aller Auszubildenden und auf Basis der Auswertung von Ausbildungskennzahlen (Quoten, Erfolge, Besonderheiten).

Die »*Initiative für gute Ausbildung*« im Bereich Garten- und Landschaftsbau hat ein eigenes Gütesiegel »Top Ausbildungsbetrieb« entwickelt mit dem Fokus, die Ausbildungsqualität der Betriebe zu verbessern und die Branche bekannter zu machen.

Auch unterstützen einzelne regionale IHKs mit eigenen Ausbildungssiegeln die Ausbildungsqualität. Bei allen Bewertungsplattformen sind weniger die Schülerinnen und Schüler im Fokus, eher die Eltern als sekundäre Zielgruppe, die sich weniger bekannte Unternehmen mit Bewertungen und Zertifizierungen genauer anschauen.

Social-Media-Marketing – was ist mit Snapchat, Instagram und TikTok?

Die »Azubi-Recruiting Trends 2019« haben auch zum Thema soziale Medien Schüler und Auszubildende befragt – Ergebnis: 72,3 Prozent der Bewerber benutzen Facebook, Instagram und Snapchat überhaupt nicht zur Ausbildungsplatzsuche.

Viele Ausbildungsverantwortliche fühlen sich durch diese Ergebnisse bestätigt, kein Social-Media-Marketing zu betreiben, und fürchten, dass sich der Aufwand nicht lohnt. Einige sind sogar der Meinung, dass man die Jugend in Ruhe lassen und wieder zu analogen Marketingmaßnahmen zurückkehren sollte. Dennoch zeigt die JIM-Studie 2019 deutlich eine starke Beschäftigung mit den Medien sowie die tägliche Nutzung von verschiedenen Social-Media-Kanälen.

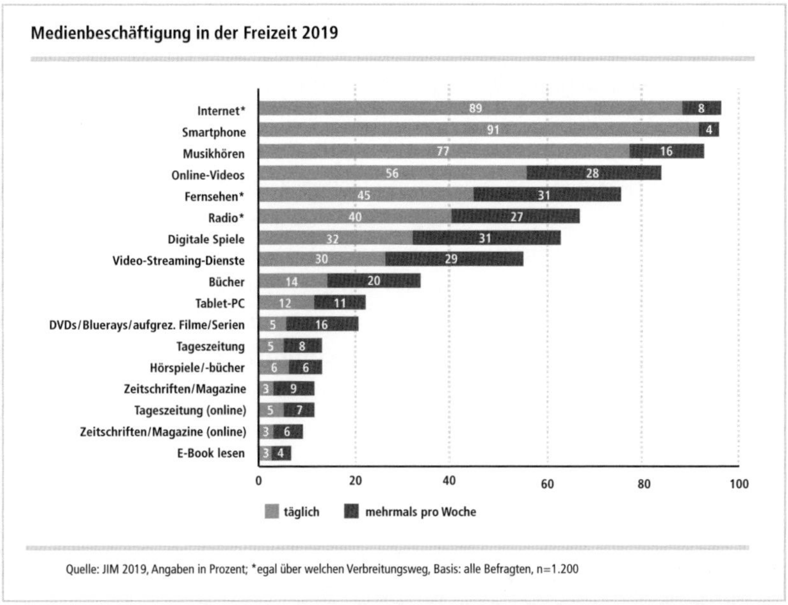

Abbildung 8a: Medienbeschäftigung in der Freizeit (JIM-Studie 2019, Hrsg: Medienpädagogischer Forschungsverbund Südwest (mpfs))

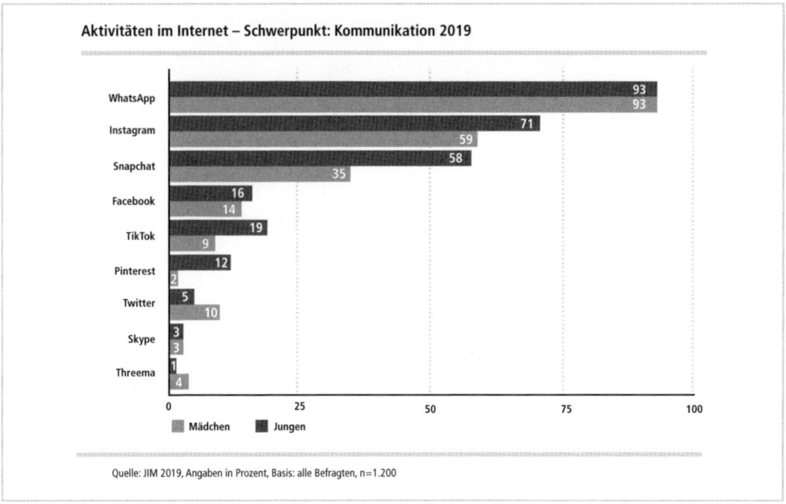

Abbildung 8b: Aktivitäten im Internet – Schwerpunkt (JIM-Studie 2019, S. 38, Hrsg: Medienpädagogischer Forschungsverbund Südwest (mpfs))

Social-Media-Marketing ist die Gegenwart und die Zukunft, wenn man es nicht als Plattformsammlung ansieht, auf denen man seine Werbevideos und Imagefilme zur Ausbildung darstellt. Viele Ausbildungsbetriebe, die seit Längerem auf verschiedenen Social-Media-Kanälen unterwegs sind, verzeichnen steigende Bewerbungszahlen aufgrund dieser Kanäle. Die Ansprache unterscheidet sich allerdings von der Verbreitung klassischer Werbevideos und Flyer-Postings; Beiträge dienen eher der Information und der Unterhaltung. Sie ermöglichen einen Blick hinter die Kulissen des Ausbildungsbetriebs und man ist im Austausch mit den Interessenten, die darüber zum Bewerber gemacht werden können. Diese Art von Kommunikation wird von der Zielgruppe nicht als Werbung verstanden.

Alle Marketingmaßnahmen – ob digital oder analog – müssen in einem Marketing-Mix miteinander kombiniert werden. Fein abgestimmt wird dieser Marketing-Mix mit einem Redaktionsplan. Dieser beinhaltet Zeitpunkte, Themen, Inhalte, Medien (Video, Kurzvideo, Bild, Text, Gif) und auch Hashtags für die verschiedenen Social-Media-Kanäle als auch Werbung für Offline-Veranstaltungen, die darüber beworben werden. Darüber hinaus beteiligen Sie bzw. Ihr Social-Media-Team (z. B. Auszubildende) sich an Diskussionen, beantworten Nutzeranfragen und beobachten Trends (z. B. über Hashtags).

Gute Erfahrungen haben Unternehmen auf Social-Media-Plattformen mit einem eigenen Hashtag gemacht, der als Slogan oder Botschaft zu verstehen ist und über den man gefunden wird. Beispiele sind #ichwerdewas (IHK Köln), #workatmustang (Mustang Jeans), #passiontoinnovate (Bayer), #machwaswirklichzählt (Bundeswehr) und #aidacareers (Aida).

Eigene Hashtags bieten sich auch für wiederkehrende Veranstaltungen an. Das Hashtag #instatakeover hat sich bei Instagram als sinnvoll durchgesetzt, wenn Mitarbeiter oder Auszubildende den Follower bei einem ihrer Arbeitstage digital mitnehmen.

Social-Media-Marketing ist ein großes Thema. Ständige Veränderungen der Plattformen erfordern es, sich intensiv mit ihnen zu beschäftigen, um die Reichweite zu erhöhen und die richtigen Follower zu erreichen. Die Vorgehensweise ist hier je Plattform sehr individuell. Im

Folgenden werden die aktuellen Social-Media-Plattformen mit ihren Möglichkeiten vorgestellt:

Corporate Blog

Unternehmensblogs sind geführte Journale und News auf einer Unternehmenswebsite. Allerdings sind Blogs für die junge Zielgruppe nicht mehr sehr interessant, da es sich eher um ein Medium der Generation Y handelt. Sie abonnieren selten diese Seiten, stoßen jedoch über eine Google-Suche auf diese Blogs. Mit regelmäßigem Content (Inhalt), einer prominenten Darstellung auf der Unternehmenswebsite und in der Verbindung mit anderen Medien wie Videos und Bildern funktionieren Blogs immer noch recht erfolgreich.

Blogs eignen sich für:

- die Zielgruppe des mittleren und höheren Bildungsniveaus aus Generation X und Generation Y (Eltern bzw. ältere potenzielle Auszubildende),
- viel Inhalt und Projekte, die kommuniziert werden können,
- Pressearbeit für die Verbesserung und Darstellung des Employer-Brandings,
- die Verbesserung des Websiterankings.

Facebook

Der bekannteste Social-Media-Kanal ist Facebook. Hier können Unternehmen bereits seit Jahren Produkte bewerben als auch Stellenanzeigen über ihre Unternehmens- bzw. Karriereseiten posten und Bewerbungen entgegennehmen. Die Zielgruppe der Bewerber unter 30 ist mittlerweile jedoch gar nicht mehr dort angemeldet oder nur passiv. Informationen sind daher auf dieser Plattform eher für die Elterngeneration gedacht. Facebook besticht in seiner Funktionalität durch den Austausch in Gruppen sowie die Suche nach regionalen Veranstaltungen.

Veranstaltungen, die für alle offen sind wie ein Tag der offenen Tür, die Nacht der Ausbildung oder beispielsweise Hackathons sollten dort gepostet und beworben werden.

In Verknüpfung mit Instagram können ausbildungsbezogene Inhalte veröffentlicht werden. Facebook erlaubt wie alle anderen Social-Media-Plattformen einen Austausch durch Direktnachrichten, Like-Button und Kommentarfunktion. Verschiedene Formate wie Fotos, Bilder und Videos können hier verbreitet werden. So kann ein unkomplizierter Eindruck hinter die Kulissen gewährt werden. Eine öffentliche Facebook-Seite taucht zudem in der Google-Suche auf.

Facebook eignet sich für:

- die Zielgruppe der Generation X und Y (Eltern bzw. ältere potenzielle Auszubildende) als Informationsplattform,
- die Ergänzung einer schlechten Website, auf die Sie wenig Einfluss haben.

Instagram

Instagram zählt zu den beliebtesten Social-Media-Plattformen und wird von der jungen Generation im Gegensatz zu Facebook bevorzugt. Hier steht das Posten von Bildern im Vordergrund. Über einen Newsstream und prominent dargestellte Storys wird mit den Followern interagiert. Neben der bekannten Kommentarfunktion, der Direktnachricht (DM = Direct Message) und Live-Videos stehen noch Interaktionsmöglichkeiten wie Umfrage, Quiz, Countdown, Fragen, Gifs, Like-Barometer, Chats, Musik, Spenden und natürlich Filter sowie saisonale Erweiterungen zur Verfügung. Für längere Videoszenen eignet sich auch das Format IGTV. Im Vergleich zu Facebook ist die Bildsprache klar im Vordergrund und wirkt deutlich moderner.

Instagram eignet sich für:

- die gesamte primäre Zielgruppe,
- die Durchführung von »Ein Tag im Leben eines Azubis« (Storys),
- die Begleitung bei besonderen Veranstaltungen (Projekte, interne Feste, Azubi-Fahrten),
- tägliche Interaktion,
- die Darstellung verschiedener Ausbildungsberufe durch Quizze, Umfragen und kurze Videos.

WhatsApp

Dieser Messenger-Dienst ist die meistgenutzte App der jungen Generation. Während andere Plattformen nicht von allen genutzt werden, können Sie die Nutzung dieser App voraussetzen. Im Fokus stehen die Chatfunktion im 1:1-Verhältnis, Gruppenchats und Broadcastlisten (ähnlich einer Newsletter-Funktion). Insbesondere Letztere ist seit Dezember 2019 jedoch nur für die private Nutzung vorgesehen und nicht mehr im gewerblichen Kontext möglich. Zusätzlich werden Storys (s. Facebook, Instagram) gepostet, jedoch nicht im gleichen Umfang wie bei Instagram. Über einen WhatsApp-Business-Account kann man mit dem Bewerber interagieren und auch Live-Berichte von einer Veranstaltung posten.

WhatsApp eignet sich für:

- die gesamte primäre Zielgruppe,
- Fragen von Bewerbern und Interessenten (Bewerberhotline),
- Live-Berichte auf Veranstaltungen (allerdings nicht als Broadcast).

YouTube

Als kostenlose Video-Plattform ist YouTube bei allen Altersgruppen beliebt. Jedoch werden unterschiedliche Themen gesucht. Viele der jungen Nutzer suchen Inhalte über YouTube statt über Google. Es besteht die Möglichkeit, Videos zu verbreiten. Zusätzlich können Premieren veranstaltet werden, bei denen die Zuschauer sich gemeinsam das Video live anschauen und kommentieren können. In Livestreams schauen Zuschauer Gamern beim Spielen von Online-Games (»zocken«) zu. Videos aller Art können hochgeladen werden – seien es private, öffentlich geschaltete als Lernvideos oder auch Unternehmensvideos und Ausbildungsvideos. Diese Videos können sehr einfach in Websites eingebunden werden.

YouTube eignet sich für:

- die gesamte primäre und sekundäre Zielgruppe der Generationen X und Y (Eltern bzw. ältere potenzielle Auszubildende) als Informationsplattform,
- die Verbreitung von Unternehmensvideos,

- die Verbreitung von Ausbildungsvideos (Ausbildungsberufe, selbst gedrehte Videos von Azubis),
- die Darstellung des Bewerbungsprozesses und ähnliche Informationsvideos,
- die Einbettung der Videos in die Unternehmenswebsite.

Twitch

Unter Jugendlichen und jungen Erwachsenen, die gerne Online-Games spielen (»zocken«), ist Twitch die Plattform Nummer eins. Sie schauen ihren Vorbildern beim Spielen unterschiedlicher Games zu – angefangen beim Pflügen eines Ackers über virtuelle Kartenspiele bis hin zu Strategiespielen. Auch verzeichnen Live-Talks und Kochsendungen, bei denen es nur um das Beantworten von Zuschauerfragen geht und nicht gespielt wird, hohe Zugriffszahlen. Es wäre nicht falsch zu sagen, dass es sich hier um das neue Fernsehen für die Jugendlichen handelt. Zocken hat sich mittlerweile zum E-Sport entwickelt und lockt bei Weltmeisterschaften Millionen von Zuschauern an. Die Gamerszene ist dabei so vielfältig, wie es Spiele gibt, und mittlerweile auch zunehmend weiblich. Auf Twitch bewegen sich daher alle Zielgruppen, die Ausbildungsbetriebe für ihr Recruiting benötigen.

Twitch eignet sich für:

- die gesamte Zielgruppe, die einen Bezug zum Gaming hat (noch ist keine sekundäre Zielgruppe aktiv),
- das Schalten von Werbung bei regionalen bzw. bekannten Influencern,
- die Kooperation mit Influencern (gemeinsames Kochen, Bauen, Gestalten usw.).

Snapchat

Mit Snapchat können sich Nutzer Bilder und Videos per Chat zusenden. Diese werden nach 24 Stunden wieder gelöscht (s. Storys von Facebook, Instagram, WhatsApp). Bekannt ist Snapchat auch für sein umfangreiches Filterangebot. Instagram hat jedoch mittlerweile viele Features in den Storys übernommen, sodass es fraglich ist, welchen Nutzen Snapchat zukünftig noch bereitet. Snapchat wird zwar noch von der jungen Generation genutzt, ist jedoch durch die abnehmende Beteiligung nicht mehr relevant im Vergleich zu Instagram.

Snapchat eignet sich für:

- Ausbildungsbetriebe, die bereits auf Snapchat unterwegs sind,
- Teile der Zielgruppe, die dort unterwegs sind, jedoch als neuer Kanal nicht zu empfehlen,
- s. Instagram.

Pinterest

Pinterest ist als Plattform im Personalmarketing noch wenig verbreitet, wird aber zukünftig an Relevanz gewinnen. Es handelt sich hierbei um eine Online-Pinnwand mit Fotos und Bildern, die als Suchmaschine für verschiedene Kategorien wie Einrichtung, DIY (Do It Yourself), Reisen und Beauty fungiert. Mithilfe von Pins können interessante Inhalte markiert und gespeichert werden – ähnlich wie bei einer normalen Pinnwand. Laut Pinterest ist die Zielgruppe weiblich und liegt bei 80 Prozent Frauenanteil; knapp 40 Prozent der Nutzerinnen sind unter 29 Jahre alt. Im Produktmarketing für die weibliche Zielgruppe mit den genannten Themen wird Pinterest bereits stark genutzt.

Pinterest eignet sich für:

- die weibliche, junge Zielgruppe,
- Infografiken, Bilder, Zitate und Videos,
- das Teilen von Blogbeiträgen mit Bildern und Videos.

TikTok

▷ **Wenn Sie Instagram schon merkwürdig finden, dann ist TikTok für Sie eine Revolution.**

TikTok wurde Ende 2019 stark diskutiert, da dort Videos, die sich kritisch über die chinesische Politik äußerten, gesperrt wurden. Ebenso wurden Videos von Behinderten und Homosexuellen geblockt. Das Unternehmen entschuldigte sich darauf, steht trotzdem stark in der

Kritik, was seine Zensur betrifft. EU-Datenschützer untersuchen die chinesische App auf Verstöße gegen den Datenschutz. Andererseits bietet TikTok die Möglichkeit, insbesondere Jugendliche aus niedrigeren Bildungsschichten (prekär, materialistisch-hedonistisch) besser zu erreichen.

Kaum eine App wird aktuell so kontrovers diskutiert. TikTok ist die derzeit am meisten heruntergeladene App noch vor WhatsApp. Objektiv betrachtet werden dort kurze Videos hochgeladen, die unterhalten sollen und meist einen albernen Charakter haben. Es wird getanzt, lippensynchronisiert und geprankt (»veralbert«). »Challenges« wie die Emoji-Challenge (Imitation von Emojis) oder die Change-Challenge (Umziehen mit Fingerschnippsen) ziehen Massen an Usern an.

TikTok ist eine neue Form des Marketings und funktioniert, wenn man es nicht wie die anderen Plattformen zur Verbreitung von bereits vorhandenem Content begreift, sondern sich bewusst auf ein wenig Quatsch wie lustige Videos einlässt. Das Klinikum Dortmund (@ klinikumdo) war einer der First Mover und hat einige erfolgreiche TikTok-Beiträge geliefert, die nach eigenen Angaben in Kombination mit anderen Maßnahmen zur deutlichen Erhöhung der Bewerberzahl beigetragen haben.

TikTok eignet sich für:

- das Erreichen einer neuen Zielgruppe aus dem niedrigeren Bildungsmilieu und den Marketing-Mix zu anderen Social-Media-Plattformen,
- spielerischen, lustigen Einblick hinter die Kulissen,
- die Teilnahme an passenden aktuellen Challenges.

Andere Plattformen

Plattformen wie XING, LinkedIn und Twitter sind zwar bekannt und weit verbreitet. Bei diesen Plattformen melden sich Schülerinnen und Schüler jedoch erst an, wenn sie in der Arbeitswelt angekommen sind, das heißt, wenn sie bereits Auszubildende sind.

Kritik gibt es generell an Unternehmen, die Personal- und Ausbildungsmarketing auf diesen Plattformen betreiben. Der Vorwurf geht meist in die Richtung, dass man Jugendliche in Ruhe lassen soll. Sie seien sowieso bereits aus Facebook geflüchtet, weil ihre Eltern dort nun anwesend wären, und suchen nun einen Ort, wo sie unter sich sein können. Das mag auf einige Schülerinnen und Schüler zutreffen, die meisten pflegen jedoch ein gutes Verhältnis zu den Eltern und sehen keinen Grund zur Flucht.

▷ **Meiner Meinung nach flüchten Jugendliche aus Facebook, da die Handhabung für sie nicht mehr zeitgemäß ist. Facebook wirkt für sie wie die Oberfläche von Windows 95.**

Generell bietet es sich an, Social-Media-Marketing für die Ausbildung nicht strikt von den analog genutzten Maßnahmen zu trennen. Beispielsweise lassen Sie den Messebesuch mit Instagram-Storys dokumentieren. Oder Sie entwickeln mit Ihren Azubis in den Einführungswochen ein YouTube- oder TikTok-Video.

Influencer-Marketing – was bringt es?

Influencer (deutsch: Beeinflusser) sind Personen, die durch ihre Präsenz und Reichweite in den sozialen Netzwerken mittlerweile stark zu Werbezwecken eingesetzt werden. Zu ihnen gehören bekannte Stars wie Models und Fußballer, aber auch Personen, die in verschiedenen Bereichen wie Beauty und Unterhaltung eine große Community auf YouTube und Instagram aufgebaut haben. Folgende Reichweiten sind zu verzeichnen:

Instagram (Stand Januar 2020):

1. Toni Kroos, toni.kr8s (22,7 Millionen Follower)
2. Mesut Özil, m10_official (21,5 Millionen Follower)
3. Lisa und Lena, lisaandlena (15,7 Millionen Follower)
4. Manuel Neuer, manuelneuer (10 Millionen Follower)
5. Bastian Schweinsteiger, bastianschweinsteiger (9,7 Millionen Follower)

YouTube (Stand Januar 2020):

1. freekickerz (8,2 Millionen Abonnenten)
2. BibisBeautyPalace (5,8 Millionen Abonnenten)
3. Julien Bam (5,7 Millionen Abonnenten; er gab jedoch im Dezember 2019 bekannt, dass er aufhört)
4. Gronkh (4,8 Millionen Abonnenten)
5. Simon Desue (4,4 Millionen Abonnenten)

Viele Firmen arbeiten eng mit Influencern zusammen. Keine Modemarke, kein Restaurant in der Großstadt kann ohne die Werbung von Influencern bestehen. Influencer empfehlen ihren Followern mehr oder weniger offensichtlich Produkte, die sie selbst testen und ausprobieren. Der Reiz ist, dass dies fernab von Hochglanzmagazinen und Fernsehen geschieht und es wirkt, als sei die Werbung nebenbei passiert. In Wirklichkeit sind jedes Foto und jede Produktinszenierung gut durchdacht, um mehr Klicks zu bekommen. Auch Unternehmen haben die Zusammenarbeit im Personalmarketing mit Influencern für sich entdeckt.

Das Institut der deutschen Wirtschaft hat in einer Studie erhoben: TV-Werbung kostet pro Person nur 0,03 Euro im Vergleich zu Influencer-Werbung mit 0,18 Euro. Jedoch würde kaum ein Ausbildungsbetrieb Werbung im Fernsehen schalten, da die Zielgruppe zu breit ist. Influencer-Marketing – geschickt für die Zielgruppe ausgewählt und angepasst – ist daher deutlich effizienter.

Ein gutes Beispiel kommt von Netze BW, es verfolgt genau den ungezwungenen Umgang, den man von der Zusammenarbeit mit Influencern erwartet. Der YouTuber »Inscope« besucht das Unternehmen Netze BW und bekommt einen Einblick in den Ausbildungsalltag: https://youtu.be/ETGQ6fU566w.

Eine Micro-Influencerin mit kleinerer Reichweite ist »laurafruitfairy«. Sie steht für das Thema gesunde Ernährung. Auf ihrem Instagram-Account postet sie viele bunte Fotos von Smoothie-Bowls. In einem Beitrag macht sie Werbung für die Arbeit beim Alexander-Stift. Verknüpft wurde dieser Beitrag mit einem ausführlicheren Blogbeitrag: https://fruit-fairy.com/de/2018/08/01/soziale-berufe-diakonie-stetten/.

Aber es braucht nicht immer Prominente – auch Mitarbeiter können als Influencer dienen. Das bedeutet, dass jeder Mitarbeiter, Auszubildende und auch Sie selbst als Ausbildungsverantwortlicher Influencer im Sinne des Employer-Brandings für Ihr Unternehmen sind.

Wenn Sie Influencer-Marketing angehen wollen:

- Verabschieden Sie sich von einem fixen Konzept und überlegen Sie eher, was die zentrale Botschaft ist. Überlassen Sie den Rest dem Influencer.
- Schauen Sie wieder auf Ihre Zielgruppe und suchen Sie dann nach Influencern, die eine ähnliche Zielgruppe haben.
- Kleine Unternehmen mit kleinerem Budget sollten sich auch kleinere, dafür spezifischere Influencer suchen.
- Die Kosten für das Influencer-Marketing variieren stark nach Reichweite und Plattform. Je eher Sie es schaffen, einen Mehrwert für den Influencer aus der Zusammenarbeit zu schaffen, desto eher ist er bereit, auf Teile seines Honorars zu verzichten.

Gamification im Ausbildungsmarketing

Gamification bedeutet den Einsatz von spieltypischen Elementen, der auch bei den Ausbildungsmethoden seine Relevanz hat. Die meisten Menschen spielen gerne und der Ansatz von Gamification macht sich dieses Bedürfnis zunutze. Inhalte, die für die noch nicht überzeugte Bewerberin und den wenig berufsorientierten Schüler eher langweilig und nicht greifbar sind, werden spielerisch aufbereitet.

Edeka Südwest bietet durch eine Umfrage mit fünf kurzen Fragen die Möglichkeit, sich verschiedenen Berufen zu nähern. Nach der Auswertung gelangt die Interessentin dann zu den verschiedenen Berufsbildern. Ein Online-Praktikum kann man z. B. bei der Commerzbank absolvieren. Dabei durchläuft man verschiedene Stationen des Ausbildungsberufes und lernt den Beruf besser kennen. Beide Möglichkeiten sind Self-Assessments (Tests zur Selbsteinschätzung), bei denen der Bewerber abwägen kann, ob der Ausbildungsberuf zu ihm passt.

Checkliste: Entwicklung einer Strategie für Ihr Ausbildungsmarketing

Employer-Branding

- ☐ Was tun Sie für Ihr Employer-Branding?
- ☐ Wie sieht die Aufgabenteilung mit der Personalabteilung aus?
- ☐ Was tun Sie persönlich für das Bild der Ausbildung intern und extern? Wer ist bei Ihnen Influencer oder könnte als Influencer agieren?

Ausbildungsmarketing allgemein

- ☐ Wie lautet Ihre Marketingstrategie für die Ausbildung?
- ☐ Welche unterschiedlichen Zielgruppen (primär, sekundär) sprechen Sie an?
- ☐ Wie sehen die zwei bis drei Personas für die jeweilige Zielgruppe aus? Möchten Sie diese auch in Ihrem Unternehmen beschäftigen?
- ☐ Wo finden Sie diese verschiedenen Personen?
- ☐ Was ist Ihr USP (Alleinstellungsmerkmal)? Was macht Ihr Unternehmen besonders?
- ☐ Welche Marketingmaßnahmen (analog, digital) setzen Sie für welche Zielgruppe ein? Warum?
- ☐ Wo können Sie Ihre Auszubildenden im Prozess gut einsetzen?
- ☐ Welche Aktivitäten können Sie bereits für junge Zielgruppen (Grundschulalter) anbieten?
- ☐ Wie sind Ihre Stellenanzeigen aufbereitet? Sprechen sie die Zielgruppe an?

Karriere-Website

- ☐ Ist Ihre Karriere-Website enthürdet? Finden Interessenten und Bewerber ihren Weg zu Ihnen?
- ☐ Wie ist das Bild- und Videomaterial aufbereitet? Wen spricht es an?

Internetauftritt

- ☐ Wie leicht ist es, Ihren Ausbildungsbetrieb im Internet zu finden? Was findet man im Internet über Ihren Ausbildungsbetrieb?
- ☐ Welche Online-Stellenbörsen sind in Ihrer Umgebung relevant? Sind Sie dort vertreten?
- ☐ Wie wird Ihr Ausbildungsbetrieb im Internet bewertet? Wie reagieren Sie auf diese Bewertungen?

Social-Media-Auftritt

- ☐ Welche Social-Media-Kanäle sind für Sie relevant? Wie sind Sie dort vertreten?
- ☐ Mit welchem Influencer könnten Sie als Ausbildungsbetrieb zusammenarbeiten? Wer hat eine ähnliche Zielgruppe?

Sonstiges

- ☐ Wo könnten Sie den Gamification-Ansatz in Ihr Ausbildungsmarketing einfließen lassen?
- ☐ Wie messen Sie die Ergebnisse der Marketingmaßnahmen? Lassen Sie sich dazu regelmäßig die Zugriffszahlen, Verweildauer und Absprungraten der Website geben (Google Analytics).
- ☐ Wie schnell können Sie auf andere Marketingmaßnahmen umschwenken (Corona-Krise)?

5 Azubi-Auswahl

Der Übergang zwischen Ausbildungsmarketing und Azubi-Auswahl ist fließend. Wertvolle Pluspunkte, die der Ausbildungsbetrieb durch Ausbildungsmarketing sammeln konnte, können schnell verloren gehen, wenn es zur Bewerbung und zum Auswahlprozess kommt. Eine wichtige Rolle spielen der Bewerbungsprozess, die Auswahl und Zusammensetzung der Auswahlinstrumente und gegebenenfalls die Gestaltung des Auswahltages. Im Folgenden wird auch beleuchtet, inwiefern künstliche Intelligenz beim Auswahlprozess zukünftig unterstützen kann.

Bewerbungsprozess

Ein paar Vorüberlegungen zum Bewerbungsprozess sind hilfreich, um eine stetige Verbesserung der Abläufe zu ermöglichen und auch die passenden Bewerber herauszufiltern.

Zeitraum

Viele Ausbildungsbetriebe legen einen Bewerbungszeitraum fest und kommunizieren diesen auch nach außen. Die meisten Unternehmen rekrutieren von September bis Dezember des Vorjahres bzw. bis sie alle Stellen besetzt haben. Einige rekrutieren früher, müssen jedoch starke Bindungsarbeit leisten, um nicht anderthalb Jahre vor Ausbildungsbeginn in Vergessenheit zu geraten. Andere Ausbildungsbetriebe entscheiden sich bewusst gegen den bekannten Zeitraum von September bis Dezember des Vorjahres und rekrutieren erst im Januar. Sie haben die Erfahrung gemacht, dass die Zeit bis zur Einstellung zu lang ist und größere Firmen mit mehr Möglichkeiten die gewonnenen Bewerber wieder abwerben. Beide Vorgehensweisen bieten Vor- und Nachteile, die abgewogen werden müssen.

Darüber hinaus stellt sich die Frage, was in Anbetracht des Bewerbermangels passiert, wenn die Stellen für das Folgejahr bereits besetzt sind. Den abgesagten Bewerbern bzw. Interessenten, die aufgrund des Bewerbungsendes keine Chance auf Bewerbung hatten, sollten Ausbildungsbetriebe die Möglichkeit geben, das Unternehmen innerhalb eines Interessentenpools kennenzulernen. Diese Interessenten werden beispielsweise zu anstehenden Messen und anderen Aktivitäten eingeladen. Sie kommen gegebenenfalls für das darauffolgende Jahr infrage, sind Multiplikatoren für die Ausbildung und bilden einen potenziellen Bewerberpool bei Vertragslösungen von bereits besetzten Stellen.

Dauer des Bewerbungsprozesses

Die Dauer vom Bewerbungseingang bis zur Zusage ist sehr unterschiedlich. Viele Bewerberinnen und Bewerber geben an, dass sie keine Rückmeldung zum Bewerbungseingang und zu den nächsten Schritten erhalten. Der Bewerbungsprozess sollte so schnell und transparent wie möglich ablaufen. Das bedeutet, dass der Bewerber im Prozess über die nächsten Schritte und Vorgehensweisen informiert wird. Nach Versenden der Bewerbung wie auch bei weiteren Anfragen sollte er nicht länger als 24 Stunden auf eine Rückmeldung warten. Je länger der Prozess dauert, desto höher die Wahrscheinlichkeit, dass Bewerberinnen und Bewerber abspringen, weil andere Unternehmen schneller waren oder durch ihr schnelles und transparentes Verfahren einen besseren Eindruck gemacht haben.

▷ **»Warum ich mich für meinen Ausbildungsbetrieb entschieden habe? Weil sie einfach die Schnellsten waren.«**
(Auszubildender Industrieunternehmen München)

Einige Ausbildungsbetriebe schaffen es, vom Bewerbungseingang bis zur Zusage nicht mehr als zwei Wochen vergehen zu lassen. Eine Überlegung ist, nicht einen formalen Bewerbungszeitraum festzulegen, sondern in einem Takt von zwei bis vier Wochen Bewerberinnen den Prozess durchlaufen zu lassen und diesen Takt so häufig zu wiederholen, bis alle Stellen besetzt sind. Mit der Zusage des Ausbildungsunternehmens beginnt dann die Mitarbeiterbindung. Die Überzeugungsarbeit setzt sich im Bindungsprogramm zwischen Zusage und Ausbildungsbeginn sowie während der Ausbildung fort (s. Kapitel 6: Ausbildungsbetreuung).

Bewerbungsmanagement-System

Bei einer Vielzahl von Bewerbungen unterstützt ein Bewerbungsmanagement-System, das die Verwaltung der Bewerbungen vereinfacht und unter Einhaltung der DSGVO Prozesse besser steuern lässt. Viele Systeme bieten neben standardisierten, rechtlich abgesicherten E-Mails zu Bewerbungseingang, Einladung zum Vorstellungsgespräch und Absage auch die Möglichkeit, die Zugangsdaten für Online-Tests zuzusenden und damit alle Ergebnisse sowie die ganze Kommunikation an einem Ort zu verwalten.

Wichtig ist beim Einsatz von Bewerbungsmanagement-Plattformen nicht nur, wie hilfreich sie für den Recruiter (Ausbilder, Ausbildungsleiter) sind, sondern auch, wie gut sie für Bewerberinnen und Bewerber bedienbar sind. Erfahrungsgemäß wird oft für alle Bewerbungen – sowohl bei Berufseinsteigern als auch Berufserfahrenen – das gleiche umfangreiche System verwendet. Dabei sollte das vom Bewerber auszufüllende Online-Formular nach Möglichkeit denselben offenen Eindruck vermitteln wie die Karriere-Seite (s. Kapitel 4: Ausbildungsmarketing). Noch viel wichtiger sind die Vorüberlegungen, welche Felder zwingend von einem Bewerber für einen Ausbildungsplatz bzw. einen Platz für ein duales Studium ausgefüllt werden müssen. In den meisten Fällen sind dies die gleichen Felder wie für Berufserfahrene, was dann eine Hürde darstellt. Die Felder für bestimmte Stellen können in den meisten Systemen an- und ausgestellt werden. Darüber sollten Sie vorab nachdenken.

Kontaktaufbau und -pflege

Vom ersten Kontakt an sollte im Marketingprozess die Verbindung wertschätzend, freundlich und auf Augenhöhe verlaufen. Alle Kontaktpunkte wie Karriereseite, Online-Formular, E-Mail-Kontakte, Telefongespräche, Vorstellungsgespräche, Einstellungstag sowie Zu- oder

Absagen sollten daraufhin überprüft werden, ob man Punkte beim Bewerber gewinnt oder verliert (s. auch Kapitel 3: Ausbildungscontrolling). Durch ein sympathisches persönliches Auftreten kann ein umständliches Bewerbungsformular wieder wettgemacht werden.

> Befragen Sie Ihre Auszubildenden zum Bewerbungsprocedere und lassen Sie eine Schulklasse den Prozess einmal durchlaufen. Spielen Sie auch selbst einmal die Bewerberin / den Bewerber. Sie werden schnell merken, was Sie überarbeiten müssen und wo die Jugendlichen aussteigen.

Kurzfristiges Rekrutieren

Der Bewerbungsprozess erstreckt sich mittlerweile laut Aussage vieler Ausbildungsbetriebe auf das ganze Jahr und daher gewinnt insbesondere das kurzfristige Rekrutieren nach Vertragslösungen oder bei zu wenigen passenden Bewerbern an Bedeutung. Um passende Bewerber noch kurzfristig oder nach Ausbildungsbeginn zu finden, sind folgende Maßnahmen hilfreich:

- Bauen Sie einen Pool von Interessenten auf, die den Bewerbungszeitraum verpasst haben (z. B. weil sie sich erst später mit ihrer Berufswahl auseinandergesetzt haben), und halten Sie guten, regelmäßigen Kontakt zu ihnen.
- Kooperieren Sie mit anderen Unternehmen (auch anderer Branchen), die geeignete Bewerber haben, die sie nicht nehmen konnten, weil z. B. der Beruf nicht ausgebildet wird oder bereits alle Stellen besetzt sind.
- Halten Sie nach Initiativen der IHK, der Agentur für Arbeit und nach Messen Ausschau, die noch angeboten werden.
- Nehmen Sie Kontakt zu Berufsorientierungslehrerinnen und Studienberatern auf. Diese kennen manchmal Kandidaten, die noch nicht untergekommen sind, aber empfohlen werden können.
- Sprechen Sie Bewerberinnen und Bewerber an, denen Sie abgesagt haben, die dennoch infrage kommen, z. B. auch für einen anderen Ausbildungsberuf.

Fälschlicherweise gehen viele Ausbildungsverantwortliche davon aus, dass Bewerber nach Dezember des Vorjahres nicht passen, weil sie sich nicht rechtzeitig gekümmert haben. Ein Vorurteil: Wer sich noch nicht gekümmert hat, der ist ein schlechter Schüler und Auszubildender. Dies kann jedoch nicht bestätigt werden. Es besteht eher die Möglichkeit, dass der Ausbildungsbetrieb im Vergleich zu anderen Betrieben weniger bekannt ist oder andere ein besseres Ausbildungsmarketing durchgeführt haben.

Kriterien zur Auswahl – völlig klar?

Je nach Ausbildungsberuf und der damit verbundenen Zielgruppe sollten Kriterien zur Azubi-Auswahl aufgestellt werden. Dies können kognitive (IQ), motorische sowie auch soziale und persönliche Voraussetzungen sein.

Pro Ausbildungsberuf und gegebenenfalls späterem Einsatzort im Fachbereich sind zwei Fragen hilfreich:

- Welche Kriterien (Verhalten, kognitive Leistungen) sind essenziell wichtig (K.-o.-Kriterien)?
- Welche Kriterien kann der Azubi auch noch während der Ausbildung erlernen (etwa den professionellen Umgang mit dem Telefon)?

Bei Abweichung vom idealtypischen Bewerber ist besonders die letzte Frage wichtig. Die duale Berufsausbildung muss sich im Angesicht des Fachkräftemangels davon verabschieden, die Hürden weiterhin hoch zu halten.

▷ **Bewerber, die zunächst nicht den idealtypischen Auszubildenden abbilden, aber nach der Ausbildung im Unternehmen bleiben, sind wertvoller als Auszubildende, die nach der Ausbildung gehen.**

Noch größere wirtschaftliche Auswirkungen für das Unternehmen kann es haben, wenn Mitarbeiterstellen aufgrund von Fluktuation oder demografischem Wandel in vier bis fünf Jahren nicht gefüllt werden können (s. Kapitel 3: Ausbildungsstrategie, -planung und -controlling).

Motivation versus Interesse

Motivation für den Ausbildungsberuf wird von den meisten Ausbildungsbetrieben als wichtiges Einstellungskriterium festgelegt. Dies ist offensichtlich, da Vorerfahrung eher schwierig bei Schülerinnen und Schülern vorausgesetzt werden kann. Wenn man bedenkt, dass die Bewerbungsphase vom ersten Kontakt über den Auswahltag bis hin zur Einstellung ein Prozess ist, der den Interessenten vom attraktiven Ausbildungsbetrieb überzeugen soll, ist jedoch fraglich, ob Motivation ein geeignetes Kriterium darstellt. Auch die Ausbildung an sich ist ein Berufsorientierungsprozess und sollte im besten Fall die Begeisterung für den Beruf wecken.

Zur Messung dieses Kriteriums werden geringe Fehler im Anschreiben, das »Überleben« des Bewerbungsprozesses oder die Kenntnis von fünf Fakten über das Unternehmen, die der Bewerber auswendig gelernt hat, angesetzt. Solche Messungen sind nur wenig aussagekräftig und beschreiben eher Rechtschreibfähigkeiten, Frustrationstoleranz und Wissen. Geeigneter ist daher ein Grundinteresse für den Betrieb bzw. den Ausbildungsberuf, das im Bewerbungsprozess entwickelt und weiter vertieft wird. Dies lässt sich im Vorstellungsgespräch erfragen.

Und damit kommen wir zum Wichtigsten im Auswahlprozess: den Gütekriterien für die Auswahlinstrumente.

Beurteilung von Auswahlinstrumenten

Ein gutes Auswahlinstrument ist gegeben, wenn das Ergebnis

- unabhängig von Zeitpunkt und Ort der Durchführung gleich bleibt,
- unabhängig vom durchführenden Moderator gleich bleibt,
- unabhängig vom Beobachter gleich bleibt,
- unabhängig von der Gruppenzusammenstellung gleich bleibt,
- misst, was es messen soll.

Zu den drei Gütekriterien, die darstellen, ob ein Auswahlinstrument geeignet ist, gehören somit Objektivität, Reliabilität und Validität.

Objektivität

Objektivität beschreibt ein Auswahlinstrument, wenn es nicht auf der persönlichen Einschätzung oder Sympathie eines Assessors (Beobachter) entsteht. Bewertet wird nach festen Beurteilungskriterien und von geschulten Beobachtern.

Reliabilität

Als reliabel wird ein Messinstrument bezeichnet, wenn es auch zu einem anderen Zeitpunkt und an einem anderen Ort zum gleichen Ergebnis kommt. Beispielsweise muss ein Auswahltest die gleiche Bewertung an einem Freitagnachmittag wie an einem Montagvormittag ermöglichen.

Validität

Wie valide ein Auswahlinstrument ist, zeigt, wie aussagefähig es ist: Misst es das, was es messen soll? Beispielsweise wurden vor zehn Jahren zur Auswahl noch graphologische Gutachten über die Schrift erstellt, um damit Rückschlüsse zu gewinnen, ob jemand für den Beruf geeignet ist. Dabei ist die Aussagefähigkeit von graphologischen Gutachten so gut wie nicht vorhanden.

Gütekriterien am Beispiel Schulnoten

Schulnoten sind leider nur bedingt objektiv, reliabel und valide. Insbesondere dort, wo objektive Beurteilungskriterien fehlen, weil es z. B. mehrere Lösungsmöglichkeiten gibt oder auch unterschiedliche Kriterien je Lehrkraft angelegt werden, ist die Objektivität nicht gegeben. Die Reliabilität ist eingeschränkt, wenn man bedenkt, dass z. B. eine Klausur in der 1. Unterrichtsstunde individuell anders ausfallen kann als dieselbe Klausur in der 8. Stunde. Ob eine Deutschnote die Fähigkeiten in Deutsch bescheinigt, ist auch nur bedingt zu messen. Jeder kann sich sicherlich an die eine Interpretation eines Gedichtes erinnern, das er nicht auf Anhieb verstanden hat. Dies sagt aber wenig über Deutschkenntnisse, Interpretationsfähigkeiten, kognitive Leistungen oder Geschichtsverständnis aus.

Darüber hinaus gehören die Legalität des Messinstruments, Fairness und Transparenz sowie Kosten auch zur Auswahl geeigneter Instrumente. Und schlussendlich bleibt die Frage: Habe ich überhaupt eine Bewerberauswahl, mit der sich umfangreiche Auswahlverfahren rechtfertigen lassen? Wenn die oben genannten Kriterien nicht erfüllt sind, fällt es schwer, zwischen geeigneten und ungeeigneten Kandidaten zu unterscheiden, und es droht die Gefahr, sich für einen falschen Kandidaten zu entscheiden.

Auswahlinstrumente – wann setze ich sie ein?

Um ein gutes Auswahlinstrument zu unterstützen, sind folgende Maßnahmen hilfreich:

- Beobachterschulungen: Beobachter (Assessoren) werden für die Themen Wahrnehmung, Aufmerksamkeit, Beurteilungsfehler sensibilisiert sowie für ein gemeinsames Verständnis der Auswahlkriterien und Anforderungen, die man mit dem Auswahlinstrument messen möchte.
- Vor dem Einsatz des Auswahlinstruments werden die Beobachter zu den Auswahlkriterien und Anforderungen kalibriert.
- Notizen über Beobachtungen sollten erstellt werden, um die Einordnungen und Bewertungen konkret belegen zu können.

Die Validität der folgenden Auswahlinstrumente wurde von Schmidt et al. 2016 erhoben, sodass eine gute Aussagekraft über die Testverfahren allgemein besteht. Standardisierte, wissenschaftlich fundierte Testverfahren professioneller Anbieter können meist konkrete Werte zur Validität geben.

In der folgenden Tabelle sind die gängigen Auswahlverfahren mit ihrer Validität angegeben. Zusätzlich wurde die inkrementelle Validität gemessen, das heißt die Validität, wenn dieses Auswahlverfahren mit einem Intelligenztest kombiniert wird. Die Unterschiede dieser Werte zeigen, dass mehr Auswahlverfahren nicht unbedingt die Validität proportional erhöhen.

Auswahlverfahren	Validität*	Validität in Kombination mit Intelligenztest **
Intelligenztest	.67	
Integritätstest	.46	.78
Test zur Situationsbeurteilung (Situational Judgement Test)	.26	.65
Gewissenhaftigkeitstest	.22	.70
Strukturiertes Interview	.58	.76
Unstrukturiertes Interview	.58	.73
Assessment-Center	.36	.66
Interessen	.31	.71
Berufserfahrung	.16	.68
Schulnoten	.34	.66
Arbeitsprobe	.33	.65
Probezeit	.44	.65
Alter	.00	.65
Graphologisches Gutachten	.02	.65

* Gemessen wurde die Validität als Korrelation von Ergebnis des Auswahlverfahrens mit der Arbeitsleistung.
** Validität, wenn das Auswahlverfahren mit einem Intelligenztest kombiniert wurde.

Abbildung 9: Auswahlverfahren aus Schmidt et al. (2016)

Intelligenztest

Testverfahren, die zur Messung der Intelligenz eingesetzt werden, haben mit .67 die höchste Validität. Das bedeutet, je besser das Ergebnis des Intelligenztests ist, desto höher sind die Ausbildungsleistungen. Bei vorher zugesandten Online-Tests besteht die Gefahr, dass diese von einer anderen Person und nicht vom Kandidaten durchgeführt wurden. Daher bieten verschiedene Testverfahren auch einen Re-Test für den Auswahltag vor Ort an.

Grundsätzlich gilt hier trotzdem: Überlegen Sie, wie viel analytische Fähigkeiten, Sprachverständnis und räumliches Denken für den Ausbildungsberuf notwendig sind und ob Sie bei einer geringen Auswahlgruppe eher in Unterstützung während der Ausbildung investieren.

Die Testverfahren des »gevainstituts«, der »Hogrefe Testzentrale« sowie die »u-form Testsysteme« messen Intelligenz speziell zugeschnitten auf Auszubildende und dual Studierende.

Integritätstest

Bei einem Integritätstest wird gemessen, inwiefern mögliches schädigendes Verhalten in der Ausbildung und am Arbeitsplatz vorhersehbar ist. Dazu gehören Diebstahl, Straftaten, Betrug und Bestechung. Insbesondere in Kombination mit einem Intelligenztest weisen Integritätstests eine hohe Validität auf und werden daher meist auch in einem Auswahlverfahren als verschiedene Module angeboten.

Diese Tests eignen sich insbesondere für Ausbildungsbetriebe, bei denen die Integrität besonders wichtig ist, etwa im Bankwesen, oder wenn Vorfälle aus der Vergangenheit bekannt sind, z. B. Betrugsfälle beim Pfand im Einzelhandel. Sie haben jedoch einen Beigeschmack und können suggerieren, wenig Vertrauen in den Bewerber zu setzen.

Persönlichkeitstest

Testverfahren, die Persönlichkeitsmerkmale messen bzw. Verhalten in verschiedenen Situationen prüfen wie z. B. Tests zur Situationsbeurteilung oder zur Gewissenhaftigkeit, haben eine geringe Validität. Das bedeutet, sie geben wenig Auskunft darüber, wie die Ausbildung oder das duale Studium gemeistert wird. In Kombination mit einem Intelligenztest ist die Validität jedoch annehmbar.

Auch hier ist zu überdenken, ob diese Testverfahren zwingend eingesetzt werden müssen. Sie helfen, um einen zusätzlichen Eindruck von der persönlichen Eignung zu gewinnen. Hier erhofft man sich zumeist mehr, als an Aussagekraft wirklich vorliegt. Sowohl das »gevainstitut« als auch »u-form Testsysteme« bieten Testverfahren mit verschiedenen Modulen an.

Vorstellungsgespräch

Das Vorstellungsgespräch wird von den meisten Ausbildungsbetrieben als Auswahlverfahren eingesetzt. Es eignet sich gut für die Auswahl.

Zudem hat die neue Erhebung von Schmidt et al. 2016 herausgefunden, dass es keine Unterschiede mehr zwischen strukturiertem (mit Leitfragen) und unstrukturiertem Interview gibt. Auch hier empfiehlt sich die Kombination mit einem Intelligenztest, um die Validität zu erhöhen.

In der Durchführung von Vorstellungsgesprächen mit unterschiedlichen Interviewern dient der strukturierte Interviewleitfaden als gute Orientierung und unterstützt unerfahrene Interviewer. Unstrukturierte Interviews werden frei geführt und bieten die Möglichkeit, bei Unklarheiten und eigenem Interesse nachzufragen.

Tipps zur Durchführung von Vorstellungsgesprächen:

- Nehmen Sie dem Auszubildenden die Nervosität, indem Sie diese ansprechen und einen aktuellen Auszubildenden ins Vorstellungsgespräch einbeziehen.
- Verzichten Sie auf die Standardfrage nach den Stärken und Schwächen, da diese vorbereitet und auswendig gelernt ist. Lassen Sie den Bewerber eher sprechen, indem Sie ihn nach Erlebnissen, Erfolgen und Misserfolgen fragen.
- Erinnern Sie sich an Ihre Auswahlkriterien und mögliche Beurteilungsfehler, die Ihnen unterlaufen können.
- Lassen Sie mehrere Personen beim Vorstellungsgespräch anwesend sein, die eine Beobachterschulung absolviert haben. Auszubildende können auch Teile übernehmen, wenn Stillschweigen vereinbart worden ist.

Grundsätzlich sind Vorstellungsgespräche persönlich durchzuführen, als Videokonferenz dienen sie jedoch auch zur Vorauswahl bei weiterer Anreise oder eingeschränkten Kontaktmöglichkeiten.

Assessment-Center

Weiterhin beliebt sind Assessment-Center, die Gruppendiskussionen und das Lösen von Fallbeispielen in den Fokus stellen. Sie werden gerne eingesetzt, da sie vermeintlich ein breites Bild über den Kandidaten vermitteln. Grundsätzlich sind sie jedoch durch den Einsatz von geschulten (externen) Beobachtern und die Vorbereitungszeit verhältnismäßig kostenintensiv. Daher ist fraglich, ob sie je nach Auswahlgröße das geeignete Auswahlinstrument sind.

Zudem ist die Validität eines Assessment-Centers – abhängig von seiner Zusammenstellung – recht gering, weshalb es als alleiniges Auswahlinstrument nicht zu empfehlen ist. Assessment-Center werden in der Praxis jedoch häufig als Auswahltag mit verschiedenen Bausteinen eingesetzt, u. a. einem Intelligenztest und einem Vorstellungsgespräch. Daher haben diese Assessment-Center nichts mit dem eigentlichen Auswahlverfahren und damit der geringen Validität zu tun.

Interessen

Interessentests werden in Auswahlverfahren von Berufsanfängern wie Auszubildenden, dual Studierenden und Trainees gerne eingesetzt. Wie in der Tabelle oben zu erkennen ist, sind diese allerdings wenig valide und sollten mit einem Intelligenztest kombiniert werden.

Interessentests bieten sich an, um eine Selbstreflexion zu initiieren, das heißt, die Bewerberin oder der Bewerber setzt sich stärker mit dem Berufsfeld auseinander und schreitet in ihrer / seiner Berufsorientierungsphase voran. Auch hier bietet sich der Gamification-Ansatz an. Dazu wird keine aufregende Prüfungssituation initiiert, vielmehr merkt die Bewerberin / der Bewerber durch ein spielerisches Testverfahren kaum, dass sie/er getestet wird. Darüber hinaus trägt dies zu einem positiven Eindruck vom Unternehmen bei.

Berufsinteressentests bieten sich auch bei jüngeren Schülerinnen und Schülern angesichts eines Schulbesuchs oder Berufsinformationstags an, um ihnen bereits erste Möglichkeiten der Berufsbilder aufzuzeigen.

Berufserfahrung

Die Berufserfahrung spielt in der Ausbildung eine Rolle, wenn ältere und jüngere Bewerber verglichen oder auch Bewerber mit Berufserfahrung (Umschüler usw.) in Erwägung gezogen werden. Leider gibt die Berufserfahrung keinen Aufschluss darüber, ob die Ausbildung gemeistert wird und eine spätere Arbeitsleistung prognostiziert werden kann.

Schulnoten

Die Zensuren auf den Zeugnissen gelten insbesondere bei Berufseinsteigern immer noch als ein wichtiges Auswahlkriterium. Einige Ausbildungsbetriebe sortieren Bewerber bei schlechten Noten direkt aus, ohne weitere Auswahlverfahren einzusetzen. Wie aus der erwähnten Erhebung hervorgeht, sind Schulnoten nicht valide. Sie geben alleine kaum Auskunft darüber, ob jemand für die Ausbildung geeignet ist und diese auch bewältigen kann. Kombiniert mit einem Intelligenztest und beispielsweise auch Arbeitsproben können Schulnoten eine gute Orientierung bieten.

Arbeitsprobe

Eine Arbeitsprobe ist eine Testsituation, bei der eine echte Aufgabe aus dem späteren Berufsumfeld bewältigt werden muss. Beispiele sind das Schreiben eines Pressetextes für einen Kaufmann für Marketingkommunikation, die Programmierung von Codes für einen Informatiker für Anwendungsentwicklung, Schweißen am Schweißsimulator für einen Konstruktionsmechaniker, Zeichnen einer Grafik für einen Grafikdesigner usw.

Eine Arbeitsprobe ist somit hilfreich, wenn sie möglich ist. Bei Berufseinsteigern ist allerdings fraglich, welche Arbeitsvorgänge »geprobt« werden können. Dabei geht es nicht um perfekte Ausführung, sondern auch die Selbsteinschätzung des Bewerbers, was die Motive waren, den Vorgang so umzusetzen. Einsetzbar ist sie etwa bei der Auswahl von Auszubildenden und dual Studierenden, wenn z. B. gestalterisches Zeichnen, motorische Fähigkeiten oder Programmierkenntnisse Voraussetzung sind.

Probezeit

Die Probezeit bringt beiden Seiten die Möglichkeit, eine Grundlage für die Entscheidung zu entwickeln. Die Validität ist hier gegeben und daher ist die Probezeit eine hilfreiche Unterstützung. Ebenso sind einjährige Einstiegsqualifizierungen sowie längere Praktika eine gute Grundlage für die Einschätzung der Bewerberinnen und Bewerber. Generell bieten sich kurze Praktika nicht nur für das Ausbildungsmarketing, sondern auch für die Berufsorientierung an.

Eine weitere Überlegung ist, die Ausbildung als »Probezeit« und Einschätzung für die spätere Arbeitsleistung anzunehmen. Auch wenn dies eine kostspielige Auswahl ist, ist insbesondere bei jungen Bewerbern bzw. Auszubildenden anzuerkennen, dass diese sich in der Ausbildung persönlich noch stark entwickeln werden. Auszubildende mit schlechteren Voraussetzungen können mit Unterstützung während der Ausbildung zu einer Arbeitskraft befähigt werden.

Alter und graphologisches Gutachten werden manchmal noch als ein Einflussfaktor für die Auswahl eingesetzt. Die oben dargestellte Aufstellung zeigt jedoch, dass keine Validität vorhanden ist. Daher sollten diese Kriterien zur Auswahl entfallen.

Anschreiben noch sinnvoll?

Das Anschreiben bildet häufig einen wichtigen Teil des Auswahlinstruments »Analyse und Bewertung der Bewerbungsunterlagen«. Dies wird in der Auswahl von Auszubildenden und dual Studierenden heute kritisch diskutiert. Zum einen ist nicht offensichtlich, ob das Anschreiben vom Bewerber selbst verfasst wurde oder Textpassagen aus dem Internet kopiert wurden. Wahrscheinlicher ist es, dass der Bewerber das Anschreiben nicht selbst geschrieben hat und es damit keine Aussagekraft (Validität) besitzt.

Auch stellt sich die Frage, welche Fähigkeiten und Erfahrungen eine Schülerin ohne Berufserfahrung in ihrem Anschreiben dokumentieren und herausstellen soll. Das spezifische Anschreiben, zugeschnitten auf den Ausbildungsbetrieb, ist eine Hürde, die man einbauen kann, wenn dies sinnvoll erscheint. Ein Grund für die Sichtung des Anschreibens könnte z.B. bei kaufmännischen Berufen vorliegen, bei denen Sprachkompetenz gefragt ist. Diese kann dann im nachfolgenden Interview verifiziert werden.

Meistens können Sie von einem Anschreiben absehen und damit die Wege in Ihr Unternehmen schneller öffnen.

Videobewerbung – der Favorit der Zielgruppe?

Das Smartphone als ständiger Begleiter und vielfältige Aktivitäten auf Social-Media-Plattformen wie Instagram lassen den Schluss zu, dass die Vertreter der Generation Z sich lieber per Video bewerben würden als schriftlich. Kreative, kleine Unternehmen lassen häufig Bewerbungen nur noch per Video zu, richten sich dabei aber bereits an die Generation Y und somit an Berufserfahrene.

Grundsätzlich ist zu bedenken, dass die Generation Z zwar gewohnt ist, Videos und Selfies von sich zu machen. Diese tauschen die Jugendlichen jedoch mit ihren Freunden aus. Sie haben nicht immer das Selbstbewusstsein und ein so extrovertiertes Auftreten, dies auch im professionellen Kontext zu tun. Die »Azubi-Recruiting Trends 2019« bestätigen, dass nur 0,7 Prozent der Bewerber sich per Video bewerben würden.

▷ **Überlegen Sie, welchen Mehrwert die Videobewerbung hat und ob diese sich je nach gesuchtem Azubi-Typ und Ausbildungsberuf eignet oder eher eine Hürde aufbaut.**

Hilfreich können Bewerberinterviews per Video statt eines persönlichen Gesprächs sein, um z. B. im ersten Schritt die Anfahrt für die Bewerberin / den Bewerber zu sparen. Laut Ausbildung.de Schülerstudie 2020 finden es 72 Prozent der Bewerber nicht schlimm, wenn Bewerbungsgespräche als Videocall stattfinden müssen.

Einstellungstage als Erlebnis

Ein typischer Auswahltag, an dem eine Gruppe von Bewerbern eingeladen ist, besteht meist aus einer Informationsveranstaltung mit Unternehmensfakten, Re-Tests zu vorangegangen Online-Tests oder Testverfahren, Gruppendiskussionen zu einem politischen Thema und einem Vorstellungsgespräch.

Dieser Ablauf zielt auf die idealtypische Bewerberin ab, die sich schon vorher umfangreich informiert hat, sich für den Ausbildungsbetrieb bereits entschieden hat und im Profil zum Unternehmen passt. Allerdings nimmt diese idealtypische Gruppe ab und außerdem müssen sich Ausbildungsbetriebe im Auswahlverfahren präsentieren und die Bewerber vom Unternehmen als auch vom Ausbildungsberuf überzeugen. Der Einstellungstag sollte daher neben anderen Kontaktpunkten ein positives Erlebnis sein und den Bewerbern die Möglichkeit geben, den Ausbildungsbetrieb besser kennenzulernen und eine Entscheidung treffen zu können.

Seien Sie kreativ:

- Nehmen Sie den Bewerberinnen und Bewerbern die Nervosität und lassen Sie Ihre Auszubildenden den Tag moderieren. Bauen Sie eine Einheit ein, bei der die Interessenten sich locker mit Ihren Azubis unterhalten können.
- Zeigen Sie die Büroräume, Arbeitsplätze, Ausbildungswerkstätten und Pausenräume.
- Führen Sie anstatt eines Vortrags über die Unternehmensfakten und Geschichtszahlen ein Quiz durch, bei dem die Teilnehmer einzeln oder im Team antreten und sich spielerisch mit dem Unternehmen beschäftigen. Auch der Re-Test des Online-Tests ist in Quiz-Form z. B. mit Kahoot möglich (s. Kapitel 7: Ausbildungsinhalte und -methoden).
- Führen Sie eine Schnitzeljagd mit iBeacons (digitalen Kontaktpunkten) durch, bei denen die Bewerber das Gelände erkunden und im Team Aufgaben spielerisch lösen.
- Zeigen Sie Videos über den Ausbildungsalltag, die von den Auszubildenden gedreht wurden.
- Lassen Sie den Einstellungstag von Ihren Auszubildenden zu einem Erlebnis entwickeln.

KI im Recruiting

Die künstliche Intelligenz (KI) dient der Entwicklung »intelligenter« Systeme und der Lösung und Erforschung komplexer Probleme. Grundlage hierfür bilden große Datenmengen (Big Data), auf die der Computer zugreift und damit selbst lernt (Machine Learning). Mit »Intelligenz« ist in diesem Zusammenhang die Bewältigung von Problemen gemeint, die bisher vom Menschen gelöst wurden. Die meisten KI-Systeme sind daher nicht unbedingt Roboter, sondern nicht sichtbare Computersysteme.

Anwendungsfelder für das Recruiting sind aktuell Sprach- und Texterkennung sowie Analysen von großen Datenmengen. Das Ziel ist, eine möglichst hohe Objektivität in der Bewerberauswahl herzustellen.

Damit die Entscheidung einer KI aussagekräftig ist, benötigt es eines: viele, viele qualitativ gute Daten. Eine künstliche Intelligenz ist in der Lage, aufgrund von Datenmengen Schlussfolgerungen zu ziehen und daraus zu lernen (Machine Learning). Diese Schlussfolgerungen sind abhängig davon, wie die künstliche Intelligenz trainiert wurde, das heißt, mit welchen Daten (Videoaufnahmen von Vorstellungsgesprächen, Anschreiben, Lebensläufen) sie gefüttert wurde.

Der Versicherer Talanx führt 15-minütige Telefoninterviews durch, bei denen die Sprachanalysesoftware Precire die Stimme des Bewerbers auf Persönlichkeitsmerkmale untersucht. Auch die bekannte KI »Watson« von IBM verfügt über Sprach- und Texterkennungselemente bei Anschreiben und Lebensläufen.

Die Validität dieser Auswahlverfahren ist bis jetzt aufgrund noch überschaubarer Datenmengen nicht hinreichend belegt und Datenschutzexperten stehen dem Einsatz aktuell noch skeptisch gegenüber. Ob diese Verfahren in den nächsten Jahren ihren Einsatz in der Auswahl von Auszubildenden und dual Studierenden haben werden, bleibt abzuwarten.

Potenziale bieten sie jedoch zukünftig für Schülerinnen und Schüler in der Berufsorientierungsphase. Interessen werden aufgrund von Google-Suchen, Aktivitäten auf Social-Media-Plattformen und weiteren Daten ausgewertet und Vorschläge unterbreitet. Grundsätzlich sind diese künstlichen Intelligenzen noch nicht so weit entwickelt wie prognostiziert. Sie werden den menschlichen Recruiter nicht ersetzen, sondern ihn unterstützen können.

Checkliste: Entwicklung Ihres Auswahlsystems

- ☐ Wie viele Bewerbungen bekommen Sie je Ausbildungsberuf?
- ☐ Nehmen wir an, Sie bekommen fünf Bewerbungen auf zwei Stellen, dann sollten Sie kein umfangreiches, kostspieliges Auswahlverfahren auf die Beine stellen, sondern alle z. B. direkt zum Vorstellungsgespräch einladen.
- ☐ Wie können Sie den Gamification-Ansatz in Ihren Auswahlprozess einfließen lassen?
- ☐ Wie ist der Bewerbungsprozess gestaltet? Wie lange wartet ein Bewerber auf Antwort?
- ☐ Welche Auswahlkriterien sind zwingend und welche sind nice to have je Ausbildungsberuf? Beispielsweise könnte es sein, dass ein gutes Abschneiden beim Intelligenztest erforderlich ist, um die Ausbildung zu überstehen. Bei einem anderen Ausbildungsberuf kann das weniger wichtig sein.
- ☐ Welche Auswahlinstrumente setzen Sie bereits ein und warum? Wie objektiv, reliabel und valide sind diese Auswahlinstrumente?
- ☐ Wie vertraut sind die Beobachter (Assessoren) mit ihrer Rolle unter der Berücksichtigung von Beurteilungsfehlern?
- ☐ Wie verkaufen Sie Ihr Unternehmen im Auswahlprozess?
- ☐ Erwecken Sie den Eindruck, dass man gerne bei Ihnen beschäftigt wäre oder eher nicht? Befragen Sie dazu Bewerberinnen und Bewerber, die Ihnen abgesagt haben.
- ☐ Wie ist Ihr Auswahltag gestaltet? Nehmen Sie den Bewerbern die Nervosität oder lassen Sie bewusst eine Prüfungssituation entstehen?
- ☐ Wobei könnte Ihnen in der Auswahl künstliche Intelligenz helfen? Welches komplexe Problem ist zu lösen? Halten Sie sich auf dem Laufenden bei neuen Tools.

6 Ausbildungsbetreuung

Die tägliche Betreuung von Auszubildenden nimmt einen großen Teil der Arbeit von Ausbildungsverantwortlichen ein. Betreut werden Interessenten, Bewerber, Bewerberinnen, die den Vertrag bereits unterzeichnet haben, Auszubildende der verschiedenen Lehrjahre und dual Studierende mit all den individuellen Anforderungen, die sie mitbringen.

Dieser Teil beschäftigt sich mit den Herausforderungen, die diese Personengruppen an die Ausbildungsverantwortlichen vor, während und nach der Ausbildung stellen. Den Mittelpunkt bildet die Beziehungsarbeit und -pflege. Vertragslösungen und Ausbildungsabbrüche nehmen gefühlt zu und Maßnahmen müssen dazu ergriffen werden. Auszubildende werden in den Fachbereichen beurteilt und erhalten dort Feedback. Zudem häufen sich »schwierige« Fälle während der Ausbildungszeit. Immer mehr Eskalationsgespräche werden dann von den Ausbildungsverantwortlichen mit Auszubildenden geführt.

Bindungsprogramm: Vom Interesse bis zum ersten Tag

Das frühzeitige Rekrutieren von Bewerbern ein Jahr vor Ausbildungsbeginn bildet neben etlichen Vorteilen einen entscheidenden Nachteil. Im Vergleich zur Besetzung von Positionen mit Berufserfahrenen ist der Einstiegshorizont deutlich länger. Die Aufgabe von Ausbildungsverantwortlichen ist es nun, den Ausbildungsbetrieb von der Zusage bis zum Ausbildungsstart nicht in Vergessenheit geraten zu lassen und die späteren Azubis an sich zu binden.

Gründe für eine vorzeitige Vertragslösung sind:

- Der favorisierte Ausbildungsbetrieb oder die (Fach-)Hochschule hat noch eine Zusage erteilt.
- Personen aus der Peergroup sind bei einem anderen Unternehmen und haben den Bewerber überzeugt, sich dort auch zu bewerben.
- Im Laufe des eigenen Berufswahlprozesses – der noch andauert – sind andere Berufe interessanter geworden.
- Der Bewerber traut sich nicht abzusagen.
- Aus den Augen, aus dem Sinn – in einem dreiviertel Jahr passiert schulisch wie privat so einiges.

Ein Bindungsprogramm zwischen Zusage und Ausbildungsstart ist somit unerlässlich.

Folgende Maßnahmen können Ausbildungsbetriebe zur Bindung von Bewerbern und zur Beziehungspflege ergreifen:

- Erhöhen Sie die Kontaktfrequenz schriftlich, telefonisch, persönlich und digital.
- Laden Sie die Bewerberinnen und Bewerber zu Unternehmensfesten, Messen oder Tagen der offenen Tür ein. Sorgen Sie dafür, dass Sie bzw. Ihre Auszubildenden Zeit für die Interessenten/ Bewerberinnen/Eingestellten vor Ort haben.
- Schicken Sie Karten zum Geburtstag und zum Schulabschluss.
- Intensivieren Sie den Kontakt im letzten halben Jahr vor Ausbildungsbeginn durch regelmäßige Treffen zwischen aktuellen Auszubildenden und den Bewerbern (gemeinsames Grillen, Werksführung usw.).
- Beginnen Sie eine Patenschaft von Auszubildenden und Neuen via WhatsApp und Co.
- Binden Sie die Eltern bzw. enge Freunde ein, indem Sie diese vor Ausbildungsbeginn zum »Bring your parents«-/-»friends day« oder Ähnlichem einladen. Wenn die Peergroup und Vertraute überzeugt sind, dann ist eine Absage unwahrscheinlicher.
- Nutzen Sie beispielsweise das Austeilen von Arbeitskleidung vor Ausbildungsbeginn für ein persönliches Treffen mit Mittagessen.

- Laden Sie die Neuen zu Weiterbildungen für Ihre aktuellen Auszubildenden ein, die für sie interessant sein könnten (Kommunikationsschulungen, Sprachunterricht).

▷ **Kurzum: Erhöhen Sie die Kontaktfrequenz und die Kontaktintensität.**

Ausbildungsabbrüche: Ursachen und einfache Lösungen

Viel weitreichender sind Ausbildungsabbrüche, bei denen der Vertrag nach Ausbildungsbeginn innerhalb der Probezeit oder danach gelöst wird. Vielversprechenden Bewerbern wurde gegebenenfalls abgesagt und das Nachbesetzen ist herausfordernd.

In jedem Jahr erscheint im Berufsbildungsbericht des Bundesministeriums für Bildung und Forschung der aktuelle Stand der Ausbildung. In diesem Bericht werden auch die Vertragslösungsquoten veröffentlicht. Laut dem Berufsbildungsbericht 2019 stagniert der Wert der Vertragslösungen im Jahr 2017 bei 25,7 Prozent (2016: 25,8 Prozent). Dies ist der Durchschnittswert über alle Ausbildungsberufe. Das Feld führt der Restaurantfachmann mit 51,6 Prozent Lösungsquote an, das Schlusslicht bildet die Verwaltungsfachangestellte mit 4,1 Prozent.

Laut BIBB ist die Lösungsquote höher, wenn das Angebot auf dem Arbeitsmarkt größer als die Nachfrage ist. Die Abbruchquote bei Studierenden eines Bachelor-Studienganges liegt nach dem Deutschen Zentrum für Hochschul- und Wissenschaftsforschung (DZHW) bei durchschnittlich 28 Prozent, also sogar höher als in der Ausbildung.

▷ **»Nicht jede Vertragslösung ist ein Ausbildungsabbruch.« (BIBB, 2019)**

Ausbildungsabbrüche lassen sich nicht eindeutig einem Grund zuweisen, zumal die Erhebung nach der Entscheidung stattfindet, die nicht immer einvernehmlich ist. Die Hälfte aller Jugendlichen nimmt nur einen Berufs- bzw. Betriebswechsel innerhalb der dualen Berufsausbildung vor. Nur ein geringer Teil bricht wirklich ab. Dabei gibt es Unterschiede je nach Berufen und Regionen.

Gründe sind andere Vorstellungen von den Tätigkeiten und Rahmenbedingungen in der Ausbildung, das Niveau der Ausbildung, sozialer Druck der Peergroup, Alternativen und ein sicheres Netz, mangelnde Berufsorientierung, geringere Perspektiven im Ausbildungsberuf, die Zukunftsperspektiven im Betrieb bzw. im Beruf, Über- und Unterforderung, unbezahlte Überstunden und Konflikte im Ausbildungsbetrieb. Konflikte und Kommunikationsprobleme nennen die Auszubildenden am häufigsten.

Den unterschiedlichen Gründen sind sicherlich noch weitere hinzuzufügen. Deutlich wird, dass diese Gründe sehr individuell sind und der Betrieb nicht bei allen gegensteuern kann. Wenn Ausbildungsbetriebe den Vertrag lösen, ist einer der meistgenannten Gründe die mangelnde Motivation des Auszubildenden. Vertragslösungen und Ausbildungsabbrüche sollten als Auftrag an die duale Berufsausbildung verstanden werden, die Qualität der Ausbildung zu erhalten bzw. zu verbessern und sich auf die unterschiedlichen Bedürfnisse der Zielgruppe einzustellen. Ein Ausbildungsabbruch aufgrund von anderen Vorstellungen und schlechter Qualität sollte zukünftig nicht mehr vorkommen.

Um Vertragslösungen und gar gänzlichen Ausbildungsabbrüchen vorzubeugen, sind folgende Maßnahmen hilfreich:

- Ursachenforschung: Befragen Sie Abbrecher, abgesagte Bewerberinnen und Auszubildende. Informieren Sie sich über Ihre Abbruchquote im Vergleich zum Durchschnitt für den Ausbildungsberuf (Werte finden Sie dazu im jährlichen Berufsbildungsbericht des BMBF).
- Verbesserung der Arbeitsbedingungen: Das betrifft zum einen den Umgang mit den Auszubildenden an sich, aber auch die generellen Arbeitsbedingungen für alle Mitarbeiter.
- Berufsorientierung: Als Ausbildungsbetrieb ist es sinnvoll, frühzeitig über die Berufsbilder aufzuklären. Gehen Sie im Rekrutierungsprozess transparent mit Ausbildungs- und Arbeitsbedingungen um.

- Vergleichen Sie die Rahmenbedingungen wie Arbeitszeiten, Ausbildungsgehälter, Ausbildungsmittel usw. mit anderen Ausbildungsbetrieben und werden Sie Vorreiter.
- Gründen Sie Initiativen, um Ihren Branchenruf zu verbessern, und klären Sie über Berufsbilder auf. Vernetzen Sie sich mit Ihrer Branche. Ein schönes Beispiel ist die Instagram-Aktion #lustaufhandwerk, bei der kleine Handwerksbetriebe junge Talente für das Handwerk begeistern (www.lustaufhandwerk.org).
- Nutzen Sie die berufsbildungspolitischen Aktivitäten und Programme der Bundesregierung. Einen Überblick dazu finden Sie im jährlichen Berufsbildungsbericht des BMBF.

Berichtsheft – geht es nicht ein bisschen einfacher?

Die Pflege des Ausbildungsnachweises in Form einer täglichen, wöchentlichen oder monatlichen Dokumentation ist zum einen Pflicht des Auszubildenden. Zum anderen bedeutet die Kontrolle dieses Berichtsheftes einen administrativen Aufwand für Ausbildungsbeauftragte bzw. Ausbildungsverantwortliche.

Hinter dem Führen des Ausbildungsnachweises steckt die Idee, dass Auszubildende in ihrer Prüfung bei der Zuständigen Stelle bei Fragen zu einem nicht behandelten Thema im Betrieb eine Dokumentationsgrundlage haben. Ferner geht die Zuständige Stelle sicher, dass jeder Betrieb die Inhalte der Ausbildungsordnung für den Ausbildungsberuf einhält, und kontrolliert damit Organisationen, die sich nicht an diese Ausbildungsordnung halten.

In der Praxis steht der administrative Aufwand für Auszubildende, Ausbildungsbeauftragte und Ausbildungsverantwortliche nicht im Verhältnis zur Kontrolle der Ausbildungsinhalte. Auch ist die schriftliche Wiederholung von Inhalten nur bedingt zielführend. Viele Betriebe gehen daher zu monatlichen Berichten oder Abschlussberichten über, bei denen die erlernten Inhalte zusammengefasst werden und damit einen Lern- und Reflexionseffekt haben.

Die Zuständigen Stellen gehen regional sehr unterschiedlich mit der Dokumentation und Einreichung des Ausbildungsnachweises um. Bei einigen ist die Einreichung des täglich geführten Ordners mit Ausbildungsnachweisen zur Prüfung erforderlich. Bei anderen Zuständigen Stellen reicht die Bestätigung des Betriebes über die ordnungsgemäße Führung und die Zuständige Stelle kontrolliert dies stichprobenartig. Das Online-Berichtsheft »Blok« wurde entwickelt, damit Auszubildende das Berichtsheft online pflegen können, an die Pflege erinnert werden und durch eine Soll-Ist-Stand-Anzeige kontrollieren können, welche Ausbildungsinhalte vermittelt wurden und welche fehlen. Der Ausbilder kann das Blok auch über die Plattform freigeben. Die Berufsschullehrerin hat ebenfalls einen Überblick über die Ausbildung. Den Prüfern wird über diese Plattform Einsicht in die Lehrinhalte gegeben. Dies ist eine deutliche Weiterentwicklung zur handschriftlichen Dokumentation oder dem ordnerweisen Ausdrucken von Ausbildungsnachweisen vor der Prüfung.

In vielen der weiter oben genannten Lernplattformen wie »Azubi-Navigator« (s. Kapitel 3: Ausbildungsplanung) ist die Berichtsheftpflege integriert, was einen Überblick über geführte und nicht geführte Berichtshefte sowie freigegebene Ausbildungsnachweise ermöglicht. Diese Berichtshefte sind auch mobil nutzbar. Zusätzlich gibt es ein großes Angebot von Berichtsheft-Apps für unterschiedliche Branchen. Schauen Sie dazu einfach in Ihren App-Store. Einige Zuständige Stellen bieten auch eigene Lösungen an.

Aus der Perspektive, Auszubildenden zu mehr Selbstverantwortung zu verhelfen, ist das Beibehalten dieser Berichtsheftführung fraglich. Bei Studierenden wird auch nicht die Dokumentation der Vorlesungen erwartet. In Abschlussprüfungen sind die Prüfungsdozenten nicht zwingend die Lehrkräfte, die zuvor die Inhalte vermittelt haben. Grundsätzlich schreibt das Berufsbildungsgesetz (BBiG) jedoch die Führung des Ausbildungsnachweises vor, das sollte daher beachtet werden.

Beurteilen von Auszubildenden

Ein zentraler Bereich der Ausbildungsbetreuung ist das Beurteilen von Auszubildenden. In diesen Prozess sind die Ausbildungsbeauftragten der einzelnen Fachbereiche involviert sowie die Ausbildungsleiter bzw. Ausbildungsverantwortlichen für den Gesamtbetrieb. Es geht um Entwicklungsgespräche über Zufriedenheit, Leistungsstand, zukünftige Einsatzorte und Konfliktsituationen. Bei Nicht-Übernahme bieten diese Beurteilungen auch eine rechtliche Grundlage. Den Mittelpunkt dieser Gespräche bildet der Beurteilungsbogen. Dabei beurteilt der Ausbildungsbeauftragte aus dem Fachbereich die persönliche Eignung des Auszubildenden nach einem Kriterienkatalog mit Punktesystem sowie Freifeldern. Der Auszubildende sollte die Gelegenheit erhalten, Feedback an den Fachbereich zu geben und für sich zu reflektieren, wo er noch Entwicklungsbedarf hat bzw. woran er Interesse hat. Alle Personen, die Auszubildende beurteilen, sollten zum Umgang mit dem Beurteilungsbogen, zum Führen von Beurteilungsgesprächen und zum Erkennen von Beurteilungsfehlern geschult werden. Die Beurteilung ist zwingend immer mit einem persönlichen Gespräch zu verbinden, damit beide Seiten sie auch nachvollziehen können.

Einige der im Kapitel 7 aufgeführten Lernmanagement-Systeme für die Ausbildung bieten auch die digitale Dokumentation der Beurteilungsbögen sowie der Zeugnisse an. Das verschafft einen sehr guten Überblick und die Möglichkeit, Auswertungen nach Fachbereich, Auszubildendem oder Kompetenzbereich zu erstellen sowie besondere Einstellungen vorzunehmen. Auch Azubis können hier eine Abteilung bewerten. Der Ausbildungsbeauftragte des Fachbereichs kann jedoch die Bewertung des Auszubildenden erst sehen, wenn der Fachbereich seine Bewertung bereits eingereicht hat. So kommt es nicht zu Konflikten.

Eigene programmierte Lösungen sowie Zusatzfeatures im Personalmanagement-System – angedockt an die Personalakte – sind auch hilfreich. Für Unternehmen, die dezentral aufgestellt sind und / oder mehrere Azubis haben, bieten diese Systeme eine wirkliche Unterstützung.

Das Thema »Beurteilen von Mitarbeitern« und damit auch der Beurteilungsbogen, die digitale Dokumentation und sämtliche Auswertungen sind mitbestimmungspflichtig und mit dem Betriebsrat – sofern vorhanden – abzustimmen.

»Schwierige« Fälle während der Ausbildungszeit

»Schwierige« Fälle sind in Anführungszeichen zu setzen, da sie individuell unterschiedlich empfunden werden und für den einen herausfordernd sind, für den anderen eine Chance bedeuten. Dieses Kapitel betrachtet Auffälligkeiten, die in Ausbildungsbetrieben häufiger genannt werden und verschiedene Ausprägungen aufweisen.

Erkrankungen

Der Gesundheitsreport 2017 der Techniker Krankenkasse hat sich schwerpunktmäßig mit der Gesundheit von Auszubildenden beschäftigt und die vorliegenden Daten ausgewertet. Wie die folgende Abbildung zeigt, haben insbesondere psychische und Verhaltensstörungen stark zugenommen.

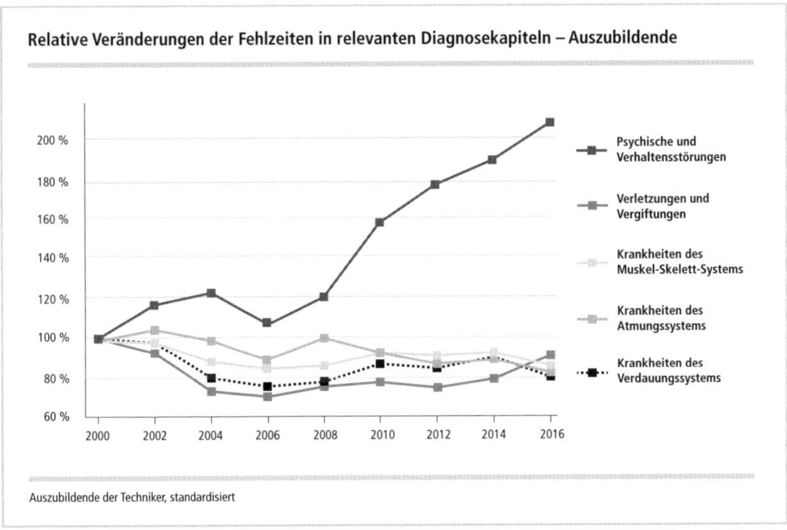

Abbildung 10: Veränderungen der Fehlzeiten bei Auszubildenden (Gesundheitsreport 2017 der Techniker Krankenkasse, S. 29)

Schwankungen mit Ausschlägen gibt es auch bei Krankheiten des Atmungssystems, was nach dem Report auf den Zweijahres-Rhythmus von Grippe- und Erkältungswellen zurückzuführen ist. Auszubildende fehlen häufiger als andere Mitarbeiter durch bestimmte infektiöse und parasitäre Krankheiten, Krankheiten des Atmungssystems und des Verdauungssystems sowie Verletzungen und Vergiftungen. Bei Fehltagen aufgrund von psychischen Erkrankungen liegen sie in etwa gleich mit anderen Mitarbeitern.

Die Gründe für die Erhöhung der Fallzahlen sind unterschiedlich. Bezogen auf psychische Erkrankungen wie Depressionen, Psychosen, bipolare Störungen, Magersucht, posttraumatische Belastungsstörungen und Angststörungen gibt es jedoch Erklärungen. Michael Winterhoff, deutscher Kinder- und Jugendpsychiater, nennt die Helikopter-Eltern als eine der Ursachen für die Zunahme von psychischen Erkrankungen bei Kindern und Jugendlichen.

Helikopter-Eltern oder Curling-Eltern zeigen eine übertriebene Fürsorge und Überbehütung. Sie halten sich permanent in der Nähe ihres Kindes auf. Sie überwachen all seine Aktivitäten und versuchen jeden Schaden von ihm fernzuhalten. Helikopter-Eltern erwarten Aufmerksamkeit von ihren Kindern. Die Kinder dieser Eltern sind zunehmend unselbstständig, haben hohe Ansprüche an ihre Umwelt. Dadurch sind sie wenig problemlösefähig und frustrationstolerant. Sie haben nicht gelernt, sich Erfolge selbst zu erarbeiten und mit Misserfolgen umzugehen. Einige von ihnen entwickeln daher auch psychische Erkrankungen und Verhaltensauffälligkeiten.

Ergänzend dazu hat das Ärzteblatt 2007 den Einfluss des unkontrollierten Medienkonsums als Risiko für Kinder und Jugendliche eingestuft. Mögliche Folgen für die Psyche der Jugendlichen sind demnach:

- aggressives Sozialverhalten, häufiger bei der Nutzung interaktiver Medien,
- weniger soziale Integration durch Verdrängung von Aktivitäten mit Gleichaltrigen und Familienmitgliedern,
- negatives Selbstwertgefühl und Körperbild durch das in den Medien propagierte Körperbild,
- Schlafstörungen,

- emotionaler Stress durch gewalttätige Medieninhalte,
- Beeinträchtigung sprachlicher und schulischer Entwicklung, z. B. durch fehlende Zeit für die Kommunikation mit Bezugspersonen,
- adiposogenes Verhalten durch Bewegungsmangel.

Stimmen Sie sich vor Rückkehrgesprächen nach Erkrankungen oder wenn Sie Erkrankungen vermuten, mit Ihrer Rechtsabteilung ab. Führen Sie zu Beginn und während der Ausbildung Gesundheitsmaßnahmen durch, die die Auszubildenden bei der Erhaltung ihrer Gesundheit unterstützen.

Drogensucht

Zu den am meisten verbreiteten Drogen gehören Alkohol, Cannabis, Kokain, LSD und Aufputschmittel. Je nach der Art der Drogen sind die Auswirkungen unterschiedlich. In der Studie des Instituts für Therapie- und Gesundheitsforschung 2015 wurden folgende Ergebnisse des Drogenkonsums bei Auszubildenden erhoben:

- Tabak: 49,9 Prozent; 40,7 Prozent konsumieren täglich
- Alkohol: 68,9 Prozent; 45 Prozent weisen einen problematischen Alkoholkonsum auf
- Cannabis: 7,5 Prozent
- Andere illegale Drogen: 2,6 Prozent
- Einnahme von Medikamenten: 20,7 Prozent

In dieser Studie wurde der Drogenkonsum mit der Ausbildungszufriedenheit verglichen: Problematischer Alkoholkonsum sowie Konsum von Tabak und Cannabis gingen mit einer Unzufriedenheit mit der Ausbildung einher. Der Ausbildungserfolg ist von betriebsbezogenen Aspekten wie stressige Arbeitssituationen, wahrgenommene Betreuung und schlechtes Betriebsklima stärker abhängig als von Persönlichkeitseigenschaften des Auszubildenden (Impulsivität, Neurotizismus usw.). Ausbildungsabbrüche sind bei konsumierenden männlichen Auszubildenden höher als bei weiblichen.

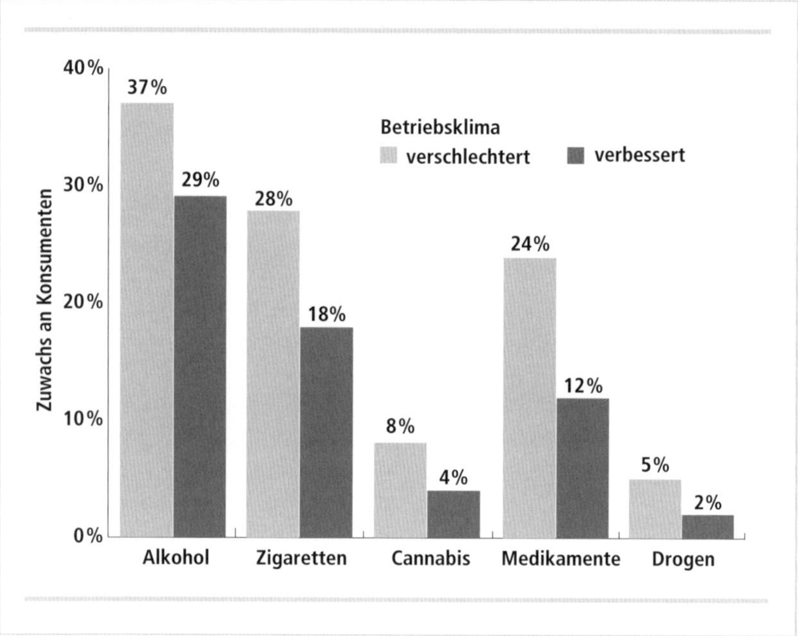

Abbildung 11: Einfluss des Betriebsklimas auf den Drogenkonsum (IFT-Nord, S. 10)

▷ **»Je mehr verschiedene Substanzen – Tabak, Alkohol, Cannabis oder andere illegale Drogen – problematisch konsumiert wurden, desto höher war die Abbruchquote, desto öfter kam es zu Abmahnungen und Konflikten und auch die Zwischennote fiel durchschnittlich höher aus.«**
(IFT-Nord 2015, S. 9)

Bei Auszubildenden, die täglich Tabak, Alkohol oder Cannabis und gelegentlich andere illegale Drogen zu sich nehmen, liegt die Abbruchquote bei 20,3 Prozent. Ausbildungsbetriebe sollten Suchtpräventionsmaßnahmen durchführen und das Ausbildungspersonal zum Erkennen von Süchten als auch im Umgang mit Suchterkrankten schulen lassen.

Auszubildende mit Flüchtlings- oder Migrationshintergrund

Flüchtlinge und Personen mit Migrationshintergrund, teilweise aus dem europäischen Ausland, bringen meist einen Schulabschluss oder eine vorhergehende Berufstätigkeit mit. Sie können ihre Lebens- und Berufserfahrung in die Organisation mit einbringen. Individuell benötigen sie Begleitung bei der Bewältigung des sozialen Lebens, bei Verständnisproblemen und eventuell bei der Bewältigung von traumatischen Erlebnissen, die Ausbildungsverantwortliche nicht alleine geben können. Der Austausch mit der Zuständigen Stelle, der Agentur für Arbeit oder mit anderen Betrieben gibt hier Unterstützung. Informationen bietet beispielsweise die IHK München: https://www.ihk-muenchen.de/ausbildung/integration/fluechtlinge-einstellen/.

In der Praxis hat es sich bewährt, unternehmensinterne und -externe Mentoren hinzuzuziehen, um die vielfältigen Anforderungen auf mehrere Schultern zu verlagern.

»Überflieger«

Die sogenannten High Performer, Überflieger oder hochbegabten Auszubildenden bewältigen die Einstellungsverfahren meist überdurchschnittlich. Teilweise stellen sie fest, dass sie mit der Ausbildung unterfordert sind, und stellen Ansprüche gegenüber dem Ausbildungspersonal und ihren direkten Betreuern. Um ihnen eine ansprechende Ausbildung zu ermöglichen, ist es hilfreich, frühzeitig Karrierepfade mit ihnen zu entwickeln (s. nächster Abschnitt).

Weitere besondere Fälle

Bei Entwicklungsstörungen, Behinderungen und Lernschwächen gibt es Unterstützungsmöglichkeiten in Form von Beratung, Förderunterricht, Sprachunterricht, Berufsausbildungsbeihilfe (BAB), ausbildungsbegleitenden Hilfen und kooperativer außerbetrieblicher Ausbildung (BaE kooperativ) bei der Agentur für Arbeit.

Mentoren unterstützen in diesen Fällen aus dem Unternehmensumfeld. Beispielsweise gibt es viele Pensionierte, die sich um die Betreuung besonderer Fälle gerne kümmern und sich z. B. im Wochenrhythmus mit den Jugendlichen treffen.

Zur Vorbeugung und Unterstützung bei »schwierigen« Fällen hilft Folgendes:

- Schulung des Ausbildungspersonals zu Gesundheitsbildung, Suchtprävention und Flüchtlings-Azubis,
- Kontaktpflege zu Ausbildungsberatern der Zuständigen Stelle, Beratungsstellen, Krankenkassen, Agentur für Arbeit, Drogenberatungsstellen, Clearing-Stellen usw.,
- Einstellen eines Sozialpädagogen bzw. Einrichten einer Sprechstunde mit einem Sozialpädagogen,
- Einsatz von Mentoren,
- Gesundheitsbildung und Suchtprävention als Schulung für Auszubildende von Beginn an.

Offboarding: Karrierepfade für den Nachwuchs

Vor und auch während der Ausbildung wird viel Zeit auf die Betreuung von Interessenten, Bewerbern bzw. Auszubildenden verwendet. Auszubildende aus dem letzten Lehrjahr sind meist schon so im Unternehmen integriert, dass eine Betreuung immer weniger im Fokus steht und diese sich vor allem auf die Abschlussprüfung bezieht. Viele Auszubildende schauen sich daher im letzten halben Jahr nach Alternativen um.

Gründe hierfür sind:

- Ihnen sind die Angebote des eigenen Ausbildungsbetriebs nicht bekannt.
- Sie haben andere Pläne, z. B. Wohnortwechsel usw.
- Die Angebote des Ausbildungsbetriebs interessieren sie nicht (Jobangebote, Weiterbildungen).
- Sie werden nicht übernommen.

Im Ergebnis werden weniger Auszubildende und dual Studierende übernommen oder wollen übernommen werden. Aus Sicht des Ausbildungscontrollings ist dies ein Desaster. Bei Kosten von 60.000 bis 120.000 Euro pro Auszubildenden bzw. dual Studierenden ist Ausbildung / duales Studium dann ein Verlustgeschäft, das früher oder später infrage gestellt wird.

Entwickeln Sie daher frühzeitig (nach etwa einem Jahr Ausbildung) individuelle Karrierepfade für die Auszubildenden und dual Studierenden in Ihrem Haus. Beziehen Sie die Auszubildenden in ihre eigene Entwicklung ein und fungieren Sie als Personalentwickler in Zusammenarbeit mit der Personalabteilung. Karrierepfade sollten nicht starr, sondern individuell veränderbar sein.

Praxisbeispiele:

- **Der Auszubildende ist mit seiner Ausbildung unterfordert**
  Bieten Sie ihm die Möglichkeit an, in Abendkursen parallel den Betriebswirt zu machen. Lassen Sie ihn zusätzlich am internen Weiterbildungsprogramm teilnehmen. Ermöglichen Sie ihm den Besuch von speziellen Software-Zertifizierungen oder MOOCs (Massive Open Online Courses). Geben Sie ihm besondere Aufträge, beispielsweise einen Workshop zu einem Thema für die anderen Auszubildenden vorzubereiten.
- **Der Auszubildende möchte nach der Ausbildung studieren**
  Überlegen Sie gemeinsam, ob und wie ein Studium zu Einsatzorten im Unternehmen passt. Bieten Sie Finanzierungsmöglichkeiten und/oder eine Werkstudententätigkeit an. Entwickeln Sie gemeinsam mit der Personalabteilung ein Bindungsprogramm, das den Kontakt zu Studierenden hält.
- **Der Auszubildende ist sich nicht sicher, wie er seine berufliche Zukunft gestalten soll**
  Lassen Sie ihn verschiedene Einsatzorte in den Fachbereichen ausprobieren. Entwickeln Sie modulhaft einzelne Karrieremöglichkeiten und Zukunftsperspektiven, die nach der Ausbildung möglich sind. Unterstützen Sie ihn durch ein Coaching.

Checkliste: Verbesserung Ihrer Ausbildungsbetreuung

- ☐ Wie hoch ist bei Ihnen die vorzeitige Vertragslösungsquote bzw. Abbruchquote?
- ☐ Welche Maßnahmen unternehmen Sie, um vorzeitigen Vertragslösungen entgegenzuwirken?
- ☐ Wie sieht Ihr Bindungsprogramm aus?
- ☐ Wie regelmäßig ist der Kontakt zwischen Ihnen bzw. den Ausbildern und den Azubis? Wie eng ist die Betreuung?
- ☐ Wie gut sind das Ausbildungspersonal und die Ausbildungsbeauftragten im zwischenmenschlichen Kontakt qualifiziert?
- ☐ Wann hatte das Ausbildungspersonal seine letzte Schulung zu Führung, Beobachtung/Wahrnehmung und Umgang mit besonderen Fällen?
- ☐ Welche Kooperationspartner unterstützen bei Ihnen besondere Fälle?
- ☐ Wie geht es zum Ende der Ausbildung weiter? Wann finden Übernahmegespräche statt?
- ☐ Wie sieht die Personalentwicklung für Ihre Auszubildenden abseits der Organisation von Weiterbildungen aus?

7 Ausbildungsinhalte und -methoden

Die Inhalte der einzelnen Berufsfelder ändern sich stetig, benötigen Ergänzungen oder müssen neu überdacht werden. Dabei stellen die Modernisierungen und Neuordnungen der Ausbildungsberufe seitens der IHK eine Basis dar. Darüber hinaus sind unternehmensspezifische und branchenbezogene Veränderungen miteinzubeziehen. Die neue Arbeitswelt und die Digitalisierung erfordern und ermöglichen neue Lern- und Lehrmethoden sowie die Unterstützung mithilfe verschiedener Tools, um Inhalte vielfältig und nachhaltig zu vermitteln. Dies hat enorme Relevanz für Berufsschullehrerinnen, Ausbilder kleiner Unternehmen unterschiedlicher Berufe, Ausbildungsverantwortliche mit Ausbildungswerkstatt und Ausbildungsbeauftragte.

Dieses Kapitel betrachtet neue Lerninhalte unter Berücksichtigung neuer Kompetenzen, hinterfragt die 4-Stufen-Methode, beleuchtet digitale Methoden zur Verbesserung der Ausbildungsqualität. Darüber hinaus beschäftigt es sich mit dem Einsatz von Augmented und Virtual Reality in der Ausbildung sowie mit agilen Ausbildungsmethoden. Zusätzlich stehen die individuelle Prüfungsvorbereitung sowie die Qualifizierung des Ausbildungspersonals im Fokus.

Neue Lerninhalte in der Ausbildung 4.0

»Seit 2009 wurden insgesamt 132 Ausbildungsberufe neu geordnet bzw. modernisiert. 2018 wurden 25 neue oder modernisierte Ausbildungsberufe in Kraft gesetzt, die u. a. auch die veränderten Qualifikationsanforderungen durch die zunehmende Digitalisierung der Arbeitswelt berücksichtigen.« (BIBB, Datenreport zum Berufsbildungsbericht 2019, S. 11)

Die beschriebene Modernisierung und damit auch neue Inhalte betreffen industrielle Metallberufe wie Anlagenmechaniker, Industriemechaniker, Konstruktionsmechaniker, Werkzeugmechaniker und Zerspanungsmechaniker wie auch industrielle Elektroberufe wie Elektroniker für Automatisierungstechnik, Betriebstechnik, Gebäude- und Infrastruktursysteme, Geräte und Systeme sowie Informations- und Systemtechnik. Darüber hinaus hat sich der Beruf des Mechatronikers gewandelt.

Seit 2018 wird der neue Ausbildungsberuf »Kaufmann / Kauffrau im E-Commerce« ausgebildet. Seit 2019 ist u.a. auch der Ausbildungsberuf Gebäudereiniger / -in neu geordnet. Verschiedene weitere Ausbildungsberufe wie Bankkaufmann / Bankkauffrau befinden sich in einem Neuordnungsverfahren. Die neuen Inhalte in allen Ausbildungsberufen beziehen sich auf die Bereiche Umweltschutz, Nachhaltigkeit, Digitalisierung und Vernetzung.

Insbesondere in den zuvor genannten Industrieberufen gibt es gemeinsame Inhalte (Datensicherheit, Recherche in Clouds, Netzen und digitalen Medien, Maßnahmen gegen Schadsoftware, Arbeit in interdisziplinären Teams usw.) und sinnvolle weitere Zusatzqualifikationen für interessierte, leistungsstarke Auszubildende und dual Studierende (Systemintegration, digitale Vernetzung, Programmierung, IT-Sicherheit usw.). Diese Inhalte erfordern die Entwicklung neuer Kompetenzen für die Arbeitswelt 4.0 über alle Ausbildungsberufe hinweg. Dazu gehören:

- Problemlösekompetenz,
- Veränderungs- und Lernkompetenz,
- Zusammenarbeit mit Kunden und Kollegen,
- interkulturelle und generationenübergreifende Kommunikation,
- Digital- und Medienkompetenz.

Problemlösekompetenz

Zur Problemlösung reichte es bislang in vielen Berufen aus, sein Fachwissen für komplizierte Vorgänge einzusetzen. Zur Bewältigung von komplexeren Problemstellungen bedarf es eines »Um-die-Ecke-Denkens«, eines Prozessverständnisses und der Analyse aus verschiedenen

Betrachtungswinkeln. Dabei lohnt sich der Blick auf die Unterscheidung zwischen komplizierten und komplexen Problemen. *Komplizierte* Problemstellungen unterliegen einer Vielzahl von unterschiedlichen Einflüssen. Diese sind jedoch benennbar und gegebenenfalls sogar messbar. Sie werden als »knifflig« empfunden. Im Unterschied dazu erfordert die neue Arbeitswelt den Umgang mit komplexen Problemen. *Komplexe* Probleme stellen sich auch durch eine Vielzahl von Einflüssen dar, diese sind aber nicht immer im Vorhinein klar und *transparent* zu erkennen. Auch sind diese Probleme meist miteinander *vernetzt* und können nicht einzeln betrachtet werden. Während der Bearbeitung komplexer Probleme entsteht häufig eine *Dynamik* durch verschiedene Veränderungssituationen wie Zeitdruck, neue Einflüsse und Richtlinien. Verschiedene Ziele und Auftraggeber in der Problemlösung, die gegebenenfalls miteinander konkurrieren, zeichnen ein komplexes Problem darüber hinaus aus *(Polytelie).*

Ein Problem kann also nicht mehr einzeln beleuchtet werden, sondern muss als Gesamtkonstrukt betrachtet werden. Jede Entscheidung an einer Stelle hat maßgeblich – manchmal unvorhersehbare – Auswirkungen an einer anderen. Zusätzlich gehören zur Problemlösekompetenz Zielorientierung und Kreativität. In der Bewältigung von komplexen Problemstellungen geht es daher auch darum, zu lernen, sich eigenständig Ziele zu setzen und sie zu erreichen sowie Kreativitätstechniken anzuwenden, um auf neue Lösungen zu kommen.

Entwicklung der Problemlösekompetenz in der Ausbildung

- Übertragen Sie Ihren Auszubildenden immer wieder Aufgaben mit komplexen Fragestellungen aus den Fachbereichen. Die Auszubildenden sollten dabei jedoch gut begleitet werden, da es immer wieder eine Gratwanderung zwischen Überforderung bis zur Frustration als auch Unterforderung geben kann.
- Geben Sie Auszubildenden Aufgabenstellungen und Projektaufträge, die über einen längeren Zeitraum – idealerweise etwa drei bis sechs Monate – andauern. Die Problemstellung sollte hier eher komplex und grob beschrieben sein. Die Auszubildenden haben die Aufgabe, dieses komplexe Problem selbst zu lösen und innerhalb des Unternehmens Informationen zu sammeln. Sie stehen zur Unterstützung, bei der Moderation von potenziellen Konflikten, als Ansprechpartner bei Herausforderungen zur Herangehensweise

und als Vernetzer hinsichtlich Informationen in Fachabteilungen zur Verfügung. Praktisch könnte die Aufgabenstellung für Auszubildende verschiedener Berufe wie folgt lauten: »Entwickelt ein Berufsorientierungsangebot für Grundschüler.« Weitere Rahmenbedingungen und Inhalte dieses Berufsorientierungsangebots entwickeln die Auszubildenden eigenständig im darauffolgenden Prozess. Beispielsweise könnte es sein, dass sie ein Budget benötigen und hierfür Auftraggeber und andere überzeugen müssen.

Veränderungs- und Lernkompetenz

In einem sich ständig stark verändernden Arbeitsumfeld ist Veränderungs- und Lernkompetenz eine Schlüsselkompetenz, um arbeitsfähig zu bleiben. Disruption ist dabei die ständige Begleiterin. Diese bezeichnet das Ersetzen bzw. »Zerschlagen« von Aufgabenbereichen, Geschäftsfeldern und ganzen Unternehmen durch Innovationen und neue Lösungsansätze.

Auszubildende müssen wie alle Mitarbeiterinnen und Mitarbeiter die Bereitschaft zur Innovation, also Veränderungskompetenz, mitbringen. Um mit Veränderungen umgehen zu können, bedarf es eines Selbstmanagements, um die eigene Leistungsfähigkeit in Veränderungssituationen zu erhalten. Außerdem sind ein beständiges Neu-Lernen und die (Weiter-)Entwicklung der Lernkompetenz essenziell.

Bekannte Lernformen wie formales Lernen werden nunmehr durch informelles und implizites Lernen – insbesondere im beruflichen Kontext – ergänzt. *Formales Lernen* beschreibt das Lernen in Bildungsinstitutionen wie der Berufsschule. *Informelles Lernen* findet außerhalb dieser Institutionen statt und ist nicht organisiert. Es ist selbstgesteuert und bedarf keiner festen Lernräume und -zeiten. Beispielsweise erklärt ein Kollege einem anderen, wie Instagram funktioniert. *Implizites Lernen* bezeichnet das »Lernen nebenbei« und verläuft unbewusst. Beispielsweise wird die Tippgeschwindigkeit durch Arbeiten am PC unbewusst verbessert. Offene Formate für Selbststudium, agile Lernmethoden, Vorträge zu Fachthemen für alle Mitarbeiter usw. bilden das Fundament für informelles und implizites Lernen.

Entwicklung der Veränderungs- und Lernkompetenz in der Ausbildung

- Bauen Sie in Aufgabenstellungen und Projektarbeiten Veränderungssituationen ein. Fördern Sie die Selbstreflexion dadurch, dass sich die Auszubildenden anhand von konkreten Fragestellungen selbst bewerten sollen. Hilfreich im Umgang mit Veränderungen ist es zudem, die Haltung zu vermitteln, dass diese Veränderungen naturgegebenen sind wie ein Jahreszeitenwechsel.
- Weiterbildung zum Umgang mit Veränderungen sowie zu verschiedenen Lernmethoden ist hier hilfreich, insbesondere, wenn dies in der Schule wenig vermittelt wurde.
- Vermitteln Sie Stück für Stück die Übernahme von Selbstverantwortung für den eigenen Lernprozess. Auch im Home-Office. Aber stückweise – da Auszubildende selbstständiges und eigenverantwortliches Lernen nur bedingt in der Schule erfahren haben. Dabei unterstützen auch digitale Lernplattformen und Tools.

Fähigkeit zur Zusammenarbeit mit Kunden und Kollegen

Ein Kompetenzbereich, der nicht wirklich neu ist, jedoch zunehmend wichtiger wird, ist die Kooperation mit anderen – nach innen mit Kollegen und Vorgesetzten sowie nach außen mit Kunden, Dienstleistern, Lieferanten und Partnern. Betrachtet man die notwendige Zusammenarbeit mit mehreren Kollegen an komplexen Problemstellungen, bei der Entwicklung von Innovationen und informellem Lernen, wird deutlich, wie hoch deren Stellenwert ist. Im Detail geht es um ein grundlegendes Verständnis von verbaler und nonverbaler Kommunikation sowie die Fähigkeit, in verschiedenen Situationen sowie über verschiedene Medien adäquat zu kommunizieren. Diese Kommunikationsfähigkeit kommt zukünftig auch bei einer neuen Art der Kommunikation zum Tragen: zwischen Mensch und Maschine (M2M Communication). Beispielsweise kann auch die Verständigung mit einem sprachgesteuerten Assistenten herausfordernd sein.

Zusätzlich wird eine starke emotionale Intelligenz verlangt. Nach Goleman (2013) geht es dabei darum, Emotionen bei sich selbst wahrzunehmen, diese regulieren zu können, Einfühlungsvermögen zu zeigen und Beziehungen zu pflegen. Dazu gehören Feedbacktechniken und ein Bewusstsein über Wahrnehmungsfilter und Beurteilungsfehler.

Entwicklung der Fähigkeit zur Zusammenarbeit in der Ausbildung

- Integrieren Sie soziale Kompetenzen (ebenso fachliche als auch überfachliche Kompetenzen) in den Beurteilungsbogen. Der Auszubildende erhält somit auch Rückmeldung zu seinem Sozialverhalten und kann dieses über die Ausbildung weiterentwickeln.
- Fördern Sie die Selbstreflexion in Beurteilungsgesprächen und helfen Sie bei der Entwicklung von Feedbackfähigkeiten (etwa zur Rückmeldung an den Fachbereich).
- Unterstützen Sie die Jugendlichen durch sozialpädagogische Arbeit (Einstellung eines Sozialpädagogen bzw. Coaches, Durchführung von Coachinggesprächen).
- Setzen Sie komplexe Planspiele ein.
- Führen Sie regelmäßig Entwicklungsgespräche.
- Ermöglichen Sie Weiterbildungen zu (digitaler) Kommunikation, Teamarbeit und Umgang mit Veränderungen (sozialpädagogische Wochen, Einzeltrainings).
- Lassen Sie Auszubildende sich gegenseitig unterrichten und weiterbilden. Dazu eignen sich auch Phasen im Home-Office.

Interkulturelle Kompetenz

Anknüpfend an die Zusammenarbeit mit Kunden und Kollegen ist die Entwicklung interkultureller Kompetenz wichtig, wenn Personen mit unterschiedlichen Hintergründen, Milieus, Generationen und Kulturen aufeinandertreffen. Die empfundenen Unterschiede haben meist ein voneinander abweichendes Wertesystem zur Basis. Der Umgang mit diesen Unterschieden erfordert nach Bolten (2006) verschiedene emotionale Fähigkeiten wie Ambiguitätstoleranz, Frustrationstoleranz und Respekt sowie kognitive Fähigkeiten wie das Verständnis über kulturelle Zusammenhänge. Verhaltensbezogene Fähigkeiten wie Kommunikations- und Sozialkompetenz kommen ergänzend hinzu.

Ambiguitätstoleranz (»Unsicherheitstoleranz«) bildet einen zentralen Faktor in der interkulturellen Kompetenz. Es bedeutet, dass Widersprüchlichkeiten und Unterschiede akzeptiert werden, auch wenn diese konträr zur eigenen Sichtweise stehen.

Entwicklung der interkulturellen Kompetenz in der Ausbildung

- Setzen Sie Auszubildende auch in anderen Einrichtungen ein (beispielsweise Industriemechaniker in der Altenpflege).
- Bringen Sie Auszubildenden auch berufsunspezifische Abteilungen nahe (etwa Einsatz kaufmännischer Auszubildender in der Produktion).
- Unterrichten Sie Ihre Azubis in Englisch sowie gegebenenfalls weiteren für das Unternehmen relevanten Sprachen.
- Fördern Sie Auslandseinsätze und Praktika an ausländischen Niederlassungen oder Kooperationsbetrieben (Förderprogramme wie Erasmus+).
- Lassen Sie in Projekten Teammitglieder unterschiedlicher Milieus zusammenarbeiten.

Digital- und Medienkompetenz

Laut einer McKinsey-Studie aus dem Jahr 2018 zu Fähigkeiten, die aufgrund von Automatisierung und künstlicher Intelligenz benötigt werden, bilden IT- und Programmierkenntnisse sowie digitale Fähigkeiten die Grundlage für modernes Arbeiten.

Digitale Kompetenz wird hier mit Medienkompetenz gleichgesetzt. Das Projekt »Zusatzqualifikationen für digitale Kompetenzen in der Aus- und Weiterbildung« des Bundesministeriums für Arbeit und Soziales hat fünf Bausteine für digitale Kompetenzen entwickelt:

- Grundlagen der Digitalisierung (technische Treiber wie cyberphysische Systeme, Internet of Things; digitale Gesellschaft),
- Lernen und Arbeiten in der digitalen Welt (Lernen mit digitalen Medien, digital gesteuertes Wissensmanagement, Wissensvermittlung),
- IKT-Kompetenz (Hardware, Software),
- Umgang mit Daten (Datensicherheit, Datenschutz),
- Systeme und Prozesse (Arbeitsprozesse, Wertschöpfung, überbetriebliche Prozesse, Vernetzung).

Die Auszubildenden sind mit den digitalen Medien und dem Internet aufgewachsen. Daher ist anzunehmen, dass sie über eine hohe digitale Kompetenz verfügen. Allerdings: Auszubildende bringen zwar digitale

Fähigkeiten mit, diese beziehen sich jedoch stark auf die private Nutzung von Unterhaltungsmedien, Social Media sowie Spiele. Bei der beruflichen Nutzung von PC, Smartphones und Tablets kommen sie unter der Betrachtung der oben genannten Bausteine an ihre Grenzen.

Im Ausbildungsalltag fällt die Smartphone-Nutzung bei Auszubildenden den Ausbildern und Ausbildungsbeauftragten eher negativ auf. Die Jugendlichen benutzen dieses Gerät aus der Sicht des Ausbildungspersonals zu häufig. Klare, einheitliche Regeln im Umgang mit dem Smartphone sowie ein vorbildliches Verhalten der Älteren helfen bei entstehenden Konflikten. Beachten Sie, dass die junge Generation viele Aufgaben mit ihrem Smartphone erledigt, die Sie mit dem Laptop oder Ihrem Erfahrungswissen meistern. Beispielsweise werden Inhalte, Begriffe, Excel-Shortcuts oder auch das Wetter gegoogelt oder per App abgefragt. Auch wird zur Abstimmung mit anderen Auszubildenden nicht die E-Mail verwendet, sondern per WhatsApp werden Berufsschulinfos und Mittagessen-Verabredungen geteilt. Es lohnt sich also, hier zu differenzieren.

Zur Einschätzung der digitalen Kompetenz hat die Europäische Kommission ein Raster zur Selbstbeurteilung entwickelt, die die digitale Kompetenz in elementare Verwendung, selbstständige Verwendung und kompetente Verwendung einteilt. Dieses Raster ist unter folgendem Link zu finden: https://europass.cedefop.europa.eu/sites/default/files/dc_-_de.pdf.

Entwicklung der Digital- und Medienkompetenz in der Ausbildung

- Erarbeiten Sie einen digitalen Verhaltenskodex (»Netiquette«) zusammen mit den Auszubildenden.
- Bieten Sie Weiterbildung in Form einer Präsenzveranstaltung bzw. eines Webinars zu digitalen Kompetenzen.
- Setzen Sie im Ausbildungsalltag aktuelle Hardware ein.
- Erteilen Sie Aufgaben und Projektaufträge, die digitale Medien mit einbeziehen.
- Ermöglichen Sie Weiterbildung durch eine selbst gesteuerte Lernplattform.
- Entwickeln Sie ein Unternehmens-Wiki.
- Setzen Sie Azubis als Digiscouts® ein. Dabei entwickeln

Auszubildende die Potenziale der Digitalisierung im Unternehmen weiter (https://www.digiscouts.de).
- Bieten Sie den Azubis den Besuch von Innovationsmessen der Branche an.

Mit vielen der genannten Maßnahmen lassen sich auch mehrere Kompetenzbereiche abdecken, insbesondere umfangreichere Projektaufträge sind dafür geeignet.

Vier-Stufen-Methode und Co. auf dem Prüfstand

Traditionelle Methoden zur Vermittlung von Ausbildungsinhalten sind die Vier-Stufen-Methode, die Leittextmethode und das Lehrgespräch. Rollenspiele, Planspiele und Moderationen kommen in der Praxis eher selten zum Einsatz. Diese gängigen Methoden haben ihre spezifische Berechtigung und werden nun genauer betrachtet.

Vier-Stufen-Methode

Diese Methode folgt den vier Stufen »Erklären«, »Vormachen«, »Nachmachen«, »Üben« und ist stark ausbilderzentriert.

Vorteile	Nachteile
Richtige Handlungsabläufe werden von der Fachkraft demonstriert	Sehr statischer Ablauf
Schematische Vorgehensweise als Orientierung für den Ausbilder	Meist nur in einem 1:1-Verhältnis von Ausbilder und Auszubildendem möglich
Leistungsstand des Auszubildenden durch Kontrolle leicht möglich	Wenig individuelle Vermittlung nach Lerntyp möglich
Minimierung von Arbeitsunfällen bei Unterweisungen bzw. gefährlichen Abläufen	Keine Selbsterarbeitung seitens des Auszubildenden möglich

Fazit: Die Vier-Stufen-Methode eignet sich zur Vermittlung psychomotorischer Fähigkeiten. Bei kreativen Problemlösungsaufgaben sowie zur Selbsterarbeitung ist sie nicht geeignet.

Leittextmethode

Diese Methode ist eine Weiterentwicklung der Vier-Stufen-Methode und verfolgt das Modell der vollständigen Handlung. Sie hat den Anspruch, den Auszubildenden zum eigenständigen Handeln zu befähigen. Durch Leittexte mit Fragen wird der Auszubildende dazu animiert, mit den zur Verfügung stehenden Materialien und Informationen selbst Antworten zu finden.

Vorteile	Nachteile
Leitfragen animieren das Mitdenken des Auszubildenden	Schematischer Ablauf führt zu wenig individuellem Erarbeiten der Inhalte über verschiedene Lehrmittel
Eigenständige Planung und Begründung zur Entscheidung führt zu einer Auseinandersetzung mit dem Thema	Selbsterarbeitung nur bedingt vorhanden, da nur nach Antworten, nicht aber nach eigenen Lösungen und Umsetzungen gesucht wird
Schematische Vorgehensweise als Orientierung für den Ausbilder und den Auszubildenden	

Fazit: Die Leittextmethode ist freier als die Vier-Stufen-Methode, ähnelt ihr jedoch sehr, sodass auch sie nicht wirklich eigenständiges Erarbeiten fördert. Sie ist geeignet für fortgeschrittene Auszubildende beim Erarbeiten des psychomotorischen Lernbereichs.

Lehrgespräch

Das Lehrgespräch entwickelt sich anhand von spezifischen Fragen. Auszubildende sollen damit zum eigenständigen Denken und der Entwicklung von eigenen Ideen animiert werden.

Vorteile	Nachteile
Aktivierung von Vorwissen, insbesondere bei passiven Auszubildenden	Setzt gute kommunikative und rhetorische Fähigkeiten des Ausbilders voraus
Einbeziehung des Auszubildenden	Anschaulichkeit ist nicht immer gegeben
Sofortige Kontrolle über den Wissenstand und das Verständnis der Inhalte	Einseitige Erarbeitung durch Fragetechniken

Fazit: Das Lehrgespräch unterstützt Azubis bei der Aktivierung von Vorwissen und hilft beim kognitiven und affektiven Lernbereich. Auch wenn der Auszubildende stärker miteinbezogen wird, sind die erwarteten Inhalte sowie die Inhaltssteuerung stark vom Ausbilder bzw. Ausbildungsbeauftragten vorgegeben. Zusammenhänge können nur bedingt veranschaulicht werden.

Die oben genannten Lehrmethoden fördern wenig die neuen Kompetenzen für die Arbeitswelt 4.0. Zur Förderung der Selbstständigkeit und eines selbst gesteuerten Lernens bieten sich eher Fallstudien, Planspiele, selbst durchgeführte Moderationen und Projektarbeit an. Bei der Betrachtung der neuen Herausforderungen in der Arbeitswelt 4.0 sowie der erforderlichen Kompetenzen werden die traditionellen Ausbildungsmethoden nicht verloren gehen, ihre Bedeutung wird jedoch abnehmen. Wesentlich ist jetzt, Auszubildende zum Selbststudium bzw. zum Lernen mit anderen Auszubildenden zu führen.

Digitale Methoden zur Verbesserung der Ausbildungsqualität

Unter digitalen Methoden in der Ausbildung werden solche Methoden verstanden, die von digitalen Werkzeugen (Tools) unterstützt werden und damit neue oder ergänzende Möglichkeiten des Lernens entwickeln. Sie haben nicht den Anspruch, bewährte Methoden zu ersetzen, sondern vielmehr zum Ziel, die Ausbildungsqualität und die Vermittlung der Inhalte zu verbessern. In der Praxis zeigt sich dies darin, dass analoge, bewährte Instrumente und Ansätze mit digitalen Werkzeugen kombiniert werden und eine klare Trennung kaum möglich ist.

Beim Einführen von E-Learning Ende der 1990er-Jahre oder auch bei der Einführung von neuen Programmen im Arbeitsalltag ergab sich stets die Herausforderung, dass die Potenziale dieser Plattformen und Programme nicht genutzt werden konnten. Zusätzlich war die Einarbeitung in diese umfangreichen Plattformen für Ausbilder so aufwendig, dass viele eine Abwehr gegenüber digitalen Werkzeugen und Programmen entwickelt haben.

In den letzten Jahren sind eine Reihe von Tools auf den Markt gekommen, die erstens einen wirklichen Mehrwert bieten und zweitens kostengünstig und nach kurzer Einarbeitungszeit anwendbar sind. Das Ziel sollte immer die Verbesserung der Ausbildungsqualität sein und nicht die Einführung von Technik, weil das gerade modern ist.

▷ **Tablets für Azubis anzuschaffen bedeutet nicht, dass die Ausbildung besser oder zeitgemäßer geworden ist.**

Der beschriebene Lernkulturwandel führt dazu, dem Auszubildenden mehr Eigenverantwortung durch selbstständiges Erarbeiten einzelner Lerninhalte zu ermöglichen – mithilfe von bewährten, analogen Hilfsmitteln sowie digitalen Werkzeugen. All diese Tools sind eingebunden in ein klares Lernkonzept und Lernziele sowie die Begleitung durch den Ausbilder, der bei fachlichen und technischen Fragen unterstützt. Verschiedene Methoden und Lernsituationen bekommen durch die Digitalisierung eine neue Bedeutung bzw. es entstehen neue Möglichkeiten und Begrifflichkeiten. Begriffe wie Learning Nuggets, Social Learning, Learning on demand sowie Mobile Learning sind nicht immer klar voneinander zu trennen.

Learning Nuggets

Unter dem Oberbegriff »Mikrolernen« werden Learning Nuggets (übersetzt »Lernbröckchen«) als kleine Lerneinheiten verstanden, die meist ein bis zehn Minuten Zeit benötigen. Sie erheben nicht den Anspruch, komplette Lerneinheiten aufzuheben, sondern zerstückeln sie in kleinere, »verdaulichere Lernhäppchen«, die auch zwischendurch (informell) erlernt werden können.

Sie können Interesse für ein Thema erzeugen und Wissen überprüfen. Oft werden diese kleinen Lerneinheiten mit Gamification verbunden. Learning Nuggets können analog im Kontakt mit Kollegen, aber auch digital stattfinden. Dies geschieht in Form von Quizzen, Umfragen, Zuordnungen auf einem Zeitstrahl, der Zusammenstellung von Abläufen (z. B.: Wie erstelle ich eine Rechnung?) und kurzen Videos. Viele lassen sich mit dem Smartphone bedienen. Beispiele sind LearningSnacks, ActionBound, Mentimeter oder Kahoot, mit denen insbesondere Umfragen und Quizze erstellt werden können.

Ein Quiz oder eine Umfrage kann z. B. bei Kahoot allein, gegen andere oder im Team absolviert werden. Es lässt sich mit Musik unterlegen, mit Effekten visualisieren und bietet so viele Vorteile.

Learning Nuggets können jedoch auch so angelegt werden, dass sich der Auszubildende diese selbst zusammenstellt und je nach Vorwissen und Interesse modulhaft lernt (adaptive Lernpfade).

Mobile Learning

Mobiles Lernen wird meist auch im Zusammenhang mit Learning Nuggets genannt. Es bedeutet das Lernen mithilfe eines mobilen Endgeräts wie eines Smartphones oder Tablets. Der Mehrwert liegt hier darin, überall lernen zu können – sei es in der Bahn, am Strand oder zu Hause vom Sofa aus. Mobile Learning unterstützt die erwähnte neue Lernkultur, in der nicht nur formal mit dem Ausbilder oder in der Berufsschule gelernt wird. »Leerzeiten« im Betrieb oder beim Warten auf den Bus lassen sich somit effektiver nutzen. Häufig wird diese Lernform auch in Kombination mit einem Seminar zur Vor- oder Nachbereitung eingesetzt. Beispielsweise können mit der Everskill-App nach dem Präsenzseminar Unterlagen, Dokumente und interessante Links vom Dozenten und den Teilnehmern geteilt und kommentiert werden. Im Mittelpunkt steht die Nachbereitung des Wissens durch kleine Lernaufgaben, die mehrmals in der Woche im Arbeitsalltag zu lösen sind (z. B. Umgang mit Stress – welche Situation hat heute Stress in dir ausgelöst?). Mobile Learning ist besonders für Auszubildende interessant, die häufig ihren Arbeitsplatz, den Fachbereich oder Lernort (Werkstatt, Betrieb, Berufsschule) wechseln.

Ein anderes Anwendungsbeispiel sind iBeacons. Diese Sender, angebracht an Maschinen, übertragen mittels Bluetooth verschiedene Lerninhalte wie Texte, Bilder, Videos sowie auch Quizze oder Lernspiele in einem Radius von 0,5 bis 50 Meter. Eine Schnitzeljagd im Haus für Auszubildende am Einstiegstag oder das Kennenlernen von Produktionsanlagen sind damit interaktiv möglich und bieten ein spannendes Erlebnis.

Social Learning

Mit dem Begriff »Social Learning« wird insbesondere die Möglichkeit bezeichnet, per Social Media und Social Software zu lernen. Voneinander durch Abschauen zu lernen und gemeinsam zu reflektieren ist Grundlage des Modelllernens von Albert Bandura. Mitglieder einer Gruppe bringen ihre Erfahrungen in die Community (Online-Gemeinschaft) ein. Beispielsweise kann man sich über eine soziale Kollaborationssoftware unternehmensintern austauschen. Viele Lernplattformen machen den Austausch und das gemeinsame Erarbeiten und Erstellen von Inhalten über Chats, Foren, Podcasts, Videos usw. möglich. MOOCs (Massive Open Online Courses) liegen aktuell im Trend bekannter Hochschulen wie Stanford oder Harvard. Ziel ist hier, das Wissen über Social Learning an die breite Masse zu bringen.

Learning on demand

»Lernen auf Abruf« bedeutet, im Moment des Problems, der Frage oder der Wissenslücke im Arbeitskontext auf Informationen zugreifen zu können, die für die Lösung behilflich sind. Häufig sind diese Informationen digital mittels E-Learning oder mobil in der Situation abrufbar. Online-Nachschlagewerke wie Wikis und Online-Bibliotheken sind hier Beispiele. Dieser Lernansatz ist auch dann hilfreich, wenn der Ausbilder nicht immer in der Nähe ist und Lernen im Selbststudium erforderlich ist (z. B. Lernen im Home-Office).

Gamification

▷ **»Gamification ist die Übertragung von spieltypischen Elementen und Vorgängen in spielfremde Zusammenhänge mit dem Ziel der Verhaltensänderung und Motivationssteigerung bei Anwenderinnen und Anwendern.«**
(Bendel, 2018)

Ziel von Gamification ist es, »trockene Lerninhalte« spielerisch und mit Spaß zu vermitteln. Während des »Spielens« ist dem Auszubildenden nicht zwingend bewusst, dass er gerade lernt. Zudem ist eine spürbar andere Energie im Raum, wenn Gamification-Elemente eingebunden werden. Dies ist bei Weitem nicht mit der Atmosphäre zu vergleichen, wenn Aufgaben aus einem Schulbuch durchgearbeitet werden sollen, wobei es doch häufig am nötigen Elan fehlt. Diesen Effekt machen sich aktuelle Lernplattformen, Apps und andere digitale Werkzeuge zunutze. Interessant ist dies für Auszubildende, die eher wenig Zugang zu Lernen und Schule haben.

Praktisch erkennt man Gamification zum einen an einer ansprechenden Aufbereitung mittels Bildern und intuitiver Bedienbarkeit. Zum anderen wird z. B. in Form von Ranglisten, Belohnungen (mehr Punkte, Sternchen), Fortschrittsanzeigen, Lösen von Quests (Rätsel oder kleine Aufgaben zur Lernkontrolle), Beantworten von Quizzen und Umfragen der Ehrgeiz durch Wettbewerb angeregt. Die Kooperationsfähigkeit wird bei Teamaufgaben gestärkt.

Serious Games sind in diesem Zusammenhang Spiele, die einen berufsbezogenen Charakter haben und mit denen Abläufe erlernt werden können. Dabei werden nicht nur spieltypische Elemente mit Lerninhalten verknüpft, es handelt sich um komplette Spiele mit einem »nicht-spielerischen Anliegen« (Mahlmann, 2015).

Ein besonderer Vorzug ist, dass Auszubildende Szenarien üben und ausprobieren können, ohne im realen Leben Schaden anzurichten. Auszubildende aus dem Handel erlernen z. B. beim »Virtuellen Supermarkt« Warenkunde.

Gamification und Serious Games werden aufgrund der positiven Effekte auch in der Berufsorientierung oder im Ausbildungsmarketing eingesetzt (s. Kapitel 4: Ausbildungsmarketing).

Wie unterstützen digitale Werkzeuge konkret beim Lernprozess?

Digitale Hilfsmittel unterstützen den Lernprozess in verschiedenen Phasen und bei unterschiedlichen Aspekten. Sie haben folgende Vorteile:

- Informationen und Lerneinheiten können von überall aus abgerufen werden. Dies ist besonders interessant für Auszubildende, die in den Fachbereichen, auf Montage oder in Berufsschulblöcken nicht vor Ort sind.

- Sie beschleunigen die Kommunikation.
- Lernen erfolgt adaptiv, das heißt nach dem eigenen Lerntempo, Interessensgebiet und Lernniveau.
- Lerninhalte können aus verschiedenen Bereichen integriert werden (Berufsschule, Ausbildungsbetrieb, zu Hause).
- Lernfortschritt und Kompetenzen können z. B. anhand von Kurven, Diagrammen und Zeitleisten verständlich und anschaulich abgebildet werden.

Organisieren

Zur Organisation von Lernzeiträumen sowie zur Abgabe des Berichtsheftes sind beispielsweise Stundenplan- oder Kalender-Apps für Berufsschule, Werksunterricht und Weiterbildungen hilfreich. Berichtshefte können mit Apps, Programmen und auch ganzheitlichen Lernplattformen vom Azubi geführt werden und lassen sich damit auch vom Ausbilder kontrollieren. Termine und wichtige Informationen rund um die Ausbildung kann das Ausbildungspersonal für die Auszubildenden einstellen (s. auch Kapitel 6: Ausbildungsbetreuung).

Informieren

Nicht alle Auszubildenden haben bis heute ein geschäftliches E-Mail-Konto, auf das sie fortwährend zugreifen können. Eine schnelle Kommunikation zwischen Ausbilder und Azubi erfolgt meist schon mittels WhatsApp nach vorher klar definierten Regeln. Beispiel: »Werksunterricht findet heute im Raum A.41 statt.« Um sich Wissen und Informationen selbst zu beschaffen, eignet sich auch eine Google-Suche oder eine Intranet-Recherche. Beispielsweise kann ein Arbeitsauftrag für einen Auszubildenden zum Kaufmann für Büromanagement lauten, sich zu informieren, was eine Sozialversicherungsnummer ist, und dazu eine Präsentation zu erstellen.

Sichern

Daten in Form von Text, Bild, Ton und Video können in der »Cloud« (Datenwolke) gespeichert werden. Diese bietet den Vorteil, dass die Inhalte von überall mit verschiedenen Endgeräten (Arbeitscomputer, eigener Laptop zu Hause, eigenes Smartphone) abgerufen werden können. Insbesondere für Auszubildende, die zu Hause, in der Berufsschule und an verschiedenen Arbeitsplätzen im Unternehmen lernen und auf Daten zugreifen, ist die Nutzung einer Cloud unverzichtbar.

Eigene Dokumente und Medien können zusätzlich selbst erstellt und gesichert werden.

Die Dokumentation von Abschlussprojekten, Berichtsheften, Fotos vom Azubi-Wochenende, Ausbildungsverordnungen usw. lässt sich hier ablegen und sichern. Zudem verschafft die Sicherung aller für die Ausbildung relevanten Inhalte an einem zentralen Ort, auf den jederzeit zugegriffen werden kann, einen besseren Überblick für Ausbilder und Azubis. Beispielsweise ist die Kontrolle des Berichtsheftes und absolvierter Schulungen leichter. Beachten Sie, dass diese Cloud konform zur DSGVO sowie zu den Unternehmensrichtlinien sein muss.

Verstehen von Lerninhalten

Neben der Vermittlung von Lerninhalten und dem Abschauen von Arbeitsvorgängen im direkten Kontakt mit dem Ausbildungsbeauftragten, Ausbilder oder Monteur unterstützen weitere digitale Lernwerkzeuge das Verstehen von Lerninhalten. Das gilt insbesondere für Lernschwache, die überfordert sind, oder auch besonders Lernstarke, die schnell unterfordert sind.

Wikis sind den Auszubildenden in diesem Zusammenhang durch die Plattform »Wikipedia« bekannt. Sie sind anstelle des Brockhaus oder eines Dudens mit dieser digitalen Enzyklopädie aufgewachsen. Im Betriebskontext eignen sich Wikis insbesondere für Themen und Erklärungen, die sich wiederholen, und auch für Fachbegriffe bzw. Abkürzungen. Zusätzlich sind Begriffe miteinander verlinkt.

Es ist sinnvoll, Auszubildende die Inhalte selbst erstellen zu lassen, da diesen die nicht bekannten Ausdrücke eher auffallen und sie mit der Dokumentation dieser Begriffe direkt in eine Auseinandersetzung mit dem Thema treten. Der nächste Azubi-Jahrgang kann auf diese Erklärungen zurückgreifen, sich das Thema aneignen oder sich auf die Prüfung vorbereiten.

Für das Verstehen eignen sich zusätzlich sogenannte »Tutorials«. Dies sind kurze Videos, bei denen Arbeitsvorgänge vorgemacht oder visualisiert werden. Diese können so häufig wie nötig angeschaut werden. Auch hier bietet es sich an, diese Videos intern von Auszubildenden selbst erstellen zu lassen. Sie müssen sich mit dem Thema auseinandersetzen, einen Drehplan erstellen und es anderen erklären. Damit verfestigt sich das Wissen. Andere Auszubildende können sich diese Videos für ihren eigenen Lernprozess wiederum anschauen.

Sowohl die Wiki-Beiträge als auch die Tutorials müssen von einem Ausbilder überprüft und abgenommen werden.

Transfer sichern

Um das Angeschaute, Gelesene und Abgeschaute anwenden zu können, ist es wichtig, die Dinge selbst umzusetzen, sich selbst zu überprüfen oder vom Ausbilder, von Facharbeitern und anderen Auszubildenden überprüft zu werden. Zur Vorbereitung auf die IHK-Prüfungen gibt es mittlerweile für viele Ausbildungsberufe Plattformen, die zum einen das Wissen mit Videos und Übungsaufgaben wiederholen, zum anderen Prüfungssituationen simulieren (Beispiel: Prüfungs.tv, prozubi.de). Diese Plattformen sind insbesondere für kaufmännische Auszubildende interessant. Plattformen wie Vocanto und eCademy bieten darüber hinaus insbesondere für technische Berufe Inhalte (teilweise auch mit 3-D-Simulationen) an, mit denen Azubis Wissen wiederholen und sich auf die Prüfung vorbereiten können.

Ausbilder haben beispielsweise die Möglichkeit festzustellen, wie sich der Lernfortschritt der gesamten Ausbildungsklasse entwickelt. Themen können auf dieser Grundlage noch einmal im Werksunterricht behandelt bzw. vertieft werden. Besonders im technischen Bereich kann der Transfer teilweise wegen arbeitssicherheitsrechtlicher Aspekte nicht immer hergestellt werden.

▷ **Das praktische Anwenden und Ausprobieren wird – insbesondere bei handwerklichen und technischen Berufen – nicht ersetzt, aber durch digitale Methoden weiter unterstützt und greifbarer.**

Lernplattformen, die viele verschiedene der genannten Funktionen enthalten, sind besonders hilfreich. Dazu zählt beispielsweise der »Azubi-Navigator« (s. Kapitel 3: Ausbildungsplanung), bei dem auch ein Lerncenter integriert ist.

Motivieren

Beim Betrachten von verschiedenen Möglichkeiten digitaler Werkzeuge im Lernprozess stellen sich häufig zwei Fragen:

1. Wie können diese Methoden Auszubildende mit noch gering entwickelter Eigenverantwortung unterstützen, sich die Inhalte teilweise über einen längeren Zeitraum selbst anzueignen?
2. Welche digitalen Möglichkeiten gibt es, um auf die Bedürfnisse von Lernschwachen und Lernstarken einzugehen, ohne zu überfordern oder zu unterfordern?

Zunächst bieten digitale Werkzeuge die Möglichkeit, sich Inhalte mit neuen bzw. mehreren Medien anzueignen. Durch Text, Ton, Bilder und Videos sind die Lerninhalte meist ansprechender und abwechslungsreicher aufbereitet, als dies mit Schulbüchern oder durch reines Vormachen möglich ist. Je nach Lerntyp ist es für den einen hilfreicher, sich zuerst die Theorie anzueignen, während andere eher das direkte Einsatzgebiet in der Praxis benötigen (durch Abschauen, Fotos, Videos). Hier spielt die Kombination aus digitalen und präsenten Methoden eine große Rolle.

Darüber hinaus bieten insbesondere die genannten Lernplattformen die Möglichkeit, das eigene Lerntempo zu verfolgen (adaptives Lernen). Beispielsweise können sich lernschwache Azubis Videos mehrfach anschauen oder zusätzlich den Ausbilder oder die Community um Rat fragen, während Lernstarke die Inhalte schneller durchlaufen und sogar Zusatzlektionen absolvieren können. Im Werksunterricht oder auch in der 1:1-Situation mit dem Ausbilder ist dies aus zeitlichen Gründen meist undenkbar.

Durch vorgegebene klare Lerneinheiten können Ziele besser visualisiert werden. Eine Fortschrittskontrolle ermöglicht es dem Ausbilder, den Lernfortschritt des Azubis zu sehen. Motivation erfolgt auch durch die Führung des Ausbilders und die vorhandenen Rahmenbedingungen wie technische Geräte und Gamification.

▷ **Der Einsatz von digitalen Werkzeugen soll nicht dazu dienen, den Ausbilder komplett zu ersetzen, sondern eher dazu, individuelles Lernen zu ermöglichen und den Ausbilder zu entlasten.**

Täglich werden neue Tools auf den Markt gebracht, die meist kostenlos sind und für unterschiedliche Aufgaben genutzt werden können: Videoschnittprogramme, Bildbearbeitung, App-Entwicklung, Belohnungen (Badges, »Schleifchen«) und Lernmanagement-Systeme. Eine Toolbox für digitales Lernen ist unter folgendem Link zu finden: http://meqino.de/toolbox/.

Darüber hinaus erscheint jährlich das »Padagogy Rad«, welches anhand von verschiedenen Auswahlkriterien wie Verstehen, Erinnern, Anwenden, Analysieren, Bewerten und Gestalten eine Übersicht über Tools erstellt: https://designingoutcomes.com/Padagogy_Wheel_Translations/Padagogy_Wheel_V4_GER.pdf.

Creative-Commons-Lizenzen

Digitales Lernen umfasst noch einen weiteren Aspekt. Durch das einfache Teilen, Versenden und Zur-Verfügung-Stellen von Inhalten ist das Teilen von Informationen und Wissen explizit erwünscht. Dies beruht auf der Annahme, Wissen frei zugänglich zu machen. Texte, Bilder, Grafiken und Videos sind mit standardisierten Lizenzen versehen, die aufzeigen, unter welchen Umständen diese urheberrechtlich geschützten Inhalte verwendet, bearbeitet und veröffentlicht werden dürfen. Ziel ist es, auch für Nicht-Juristen die Verwendungsmöglichkeiten deutlich durch Icons zu kennzeichnen.

Abbildung 12: Beispiel für eine Creative-Commons-Lizenz (https://creativecommons.org/licenses/)

Grafisch wird eine Lizenz durch solche Icons erläutert. Die im oben abgebildeten Beispiel angegebene Lizenz CC BY-NC-SA bedeutet: **Namensnennung (BY) – Nicht Kommerziell (NC) – Weitergabe unter gleichen Bedingungen (SA).** Das Material darf unter der Bedingung der Namensnennung des Urhebers und dem Ausschluss der kommerziellen Nutzung vervielfältigt und weitergegeben werden. Bearbeitung sowie Veränderung des Materials sind auch möglich. Jedoch muss das daraus entstandene Material unter gleichen Bedingungen lizenziert werden.

Anhand solcher Kennzeichnungen haben Sie wie auch Ihre Auszubildenden es leichter, beispielsweise Texte und Grafiken aus dem Internet in Präsentationen zu verwenden. Gleichzeitig können Sie entscheiden, welche Inhalte Sie teilen und unter welchen Umständen Sie diese mit Kennzeichnung durch die Lizenz teilen wollen. Dazu stehen verschiedene Grafiken kostenlos zur Verfügung.

1. Fangen Sie klein an und schauen Sie sich um, welche hilfreichen digitalen Werkzeuge Sie im Unternehmen bereits verwenden und in der Ausbildung auch anwenden könnten.
2. Erstellen Sie ein Quiz oder eine Umfrage für Ihr nächstes Treffen mit Ihren Azubis bei beispielsweise Mentimeter oder Kahoot und sammeln Sie damit erste Erfahrungen.
3. Beginnen Sie selbst sich mit digitalen Methoden weiterzubilden. Etwa durch ein E-Learning oder ein MOOC.

Einsatz von Augmented und Virtual Reality in der Ausbildung

In Ergänzung zu den genannten digitalen Möglichkeiten werden einige Lerninhalte in der Aus- und Weiterbildung über Augmented Reality (AR) und Virtual Reality (VR) vermittelt.

Bei **Augmented Reality** (deutsch: erweiterte Realität) wird die Wirklichkeit mit zusätzlichen Inhalten wie Informationen, Bilder, Videos und Spiele ergänzt. Beispielsweise erkennt die Kamera den Kölner Dom und stellt nützliche Informationen wie einen Reiseführer zur Verfügung, die an entsprechender Stelle über das Kamerabild gelegt werden. Dafür wird meist nur ein Smartphone oder Tablet mit Kamera benötigt. Die Inhalte werden über eine App eingebunden.

Bei **Virtual Reality** (deutsch: virtuelle Realität) ist die reale Welt nicht relevant, es wird eine virtuelle Umgebung abgebildet. Neben der VR-Brille benötigt es einen Controller, um mit der virtuellen Realität interagieren zu können. Beispielsweise können in einer virtuellen Autowerkstatt Reifen gewechselt werden, indem Gegenstände per Controller ausgewählt und Geräte bedient werden.

Mixed Reality (deutsch: gemischte Realität) ist eine Kombination aus AR und VR, bei der Realität und Virtualität wahrnehmbar sind.

Diese Lernanwendungen eignen sich zur Veranschaulichung von betrieblichen Abläufen und in gefährlichen Umgebungen wie Konstruktions- und Fertigungsbereichen, Hochöfen und Anlagen sowie Baustellen. Auch Simulationen von Arbeitsplätzen auf dem Schiff oder im Flugzeug sind möglich. Sie bieten realitätsnahes Üben sicherheitsrelevanter Abläufe, bereiten auf die Praxis vor, erkunden neue, bis jetzt noch unbekannte Arbeitsfelder und Arbeitsbereiche. Die Vorteile liegen zum einen in der Anschaulichkeit, diese Abläufe und Gefahrenzonen greifbarer zu machen. Zum anderen ermöglichen sie einen geschützten Bereich für das Trainieren von unbekannten oder gefährlichen Situationen. Zu Orten wie Baustellen müssen Auszubildende nicht erst anreisen, sondern können ortsunabhängig geschult und trainiert werden.

Durch das Sammeln von Punkten bei richtig ausgeführten Aufgaben ist teilweise der Gamification-Ansatz mit integriert und führt zu viel Spaß unter den Teilnehmern. Bei geringer Erfahrung sowie längerem Training kann es jedoch zur »Motion Sickness« (Reiseübelkeit) kommen. Auch ist durch die Virtualität das Wahrnehmen der realen Umgebung ausgeblendet. Kabel oder Wände in der Realität könnten somit gefährlich werden.

Ein paar Anwendungsbeispiele, die für die Ausbildung geeignet sind, werden im Folgenden dargestellt.

TÜV Süd Akademie – Schaltbefähigungen in Virtual Reality: Hier wird eine elektrische Anlage begangen, das Durchführen von Spannungsprüfungen und die Simulation von Betriebsfehlern werden geübt.

DB-Training: In den VR-Anwendungen der Deutschen Bahn werden, ohne dass es eines realen Zugangs zu einem Zug bedarf, Kupplungsszenarien, ICE-Dachgarten, Erkennen von Brückenschäden u. a. geübt und Gefahren simuliert.

Berner Bildungszentrum Pflege: Am Berner Bildungszentrum Pflege wird in virtuellen Patientenzimmern weitergebildet. Dies hat den Vorteil der Patienten- und Arbeitsplatzsicherheit. Mit der »Pflegebrille«, beispielsweise mit »Google Glass«, wird das Pflegepersonal durch Augmented Reality in den einzelnen Pflegeschritten unterstützt. Dies trägt auch zur Attraktivität des Ausbildungsberufes bei.

In vielen anderen Branchen und Berufsbildern entwickeln sich AR- und VR-Anwendungen. Einige innovative Unternehmen entwickeln eigene AR- und VR-Anwendungen, um ihren Kunden, Bewerbern und Mitarbeitern Abläufe zu verdeutlichen und Einblicke hinter die Kulissen zu gewähren.

Augmented und Virtual Reality ersetzen nicht das motorische Üben von Arbeitsabläufen wie Reifenwechseln usw. Sie bieten jedoch eine gute Ergänzung zum theoretischen Unterricht und unterstützen beim Einprägen von Abläufen. Diese Abläufe können beliebig oft wiederholt werden, ohne dass Material ersetzt werden oder ein Ausbilder vor Ort sein muss, um Gefahren abzuwenden. Aktuell befindet sich die AR-/VR-Technologie mit ihren Möglichkeiten noch in den Anfängen. Die stärkere Integration in die Aus- und Weiterbildung als auch die Übertragung auf weitere Lernfelder z. B. im kaufmännischen Bereich werden weitere Möglichkeiten des Lernens bereitstellen.

Agile Lernformate in der Ausbildung

Agilität beschreibt die Fähigkeit einer Organisation, sich schnell und stetig an komplexe, undurchschaubare Veränderungen anzupassen, um wettbewerbsfähig zu sein. Es gilt als Buzzword, da viele heute agil arbeiten und denken wollen, jedoch häufig Uneinigkeit besteht, was damit genau gemeint ist. Agilität ist ein Transformationsprozess, dem sich ein Unternehmen ganzheitlich widmen muss. Ein paar innovative

Lernformate aus der agilen Arbeitsweise sind auch hilfreich für den Ausbildungsbereich.

Agile Lernformate sind an agile Arbeitsweisen angelehnt und forcieren Wissenserwerb vor allem in kurzen Lerneinheiten eher informell unter Kollegen und Auszubildenden. Diese Lerneinheiten können natürlich mit digitalen Tools gut kombiniert werden, fördern zudem stark die persönliche Zusammenarbeit und den Austausch. Hier folgen einige Beispiele:

Lunch & Learn (Brown Bag Meeting)

Zur Mittagszeit versammeln sich Interessierte, um einen kurzen Vortrag einer Mitarbeiterin zu hören, die über ihre Arbeit oder ein interessantes privates oder fachliches Thema spricht. Auszubildende können ihr Wissen einbringen und selbst einen Kurzvortrag halten oder von den Themen der Kolleginnen und Kollegen profitieren. Gleichzeitig dient ein solches Treffen als reale Lernplattform für das Ausbildungspersonal.

FedEx-Day

Mitarbeiter arbeiten 24 Stunden gemeinsam an einem Thema, ohne dabei von ihrem Tagesgeschäft gestört zu werden. Natürlich im Rahmen der Arbeitszeit. Ziel dieses Tages ist es, an etwas zu arbeiten, das einen Mehrwert für das Unternehmen und/oder den Kunden hat. Nach 24 Stunden werden die Ergebnisse präsentiert. (FedEx-Day leitet sich vom Kurierdienst FedEx ab, der verspricht, Pakete innerhalb 24 Stunden zu liefern.) Machen Sie ein Projekt daraus und lassen Sie Auszubildende zu einer Fragestellung interdisziplinär arbeiten.

Working out loud

Working out loud ist das bekannteste agile Lernformat. Ziel ist es, die eigene Arbeit mit den entsprechenden Aufgaben transparent zu machen, um gegenseitig voneinander zu profitieren und Anknüpfungspunkte zu finden. Die »Circles« – Gruppen von drei bis fünf Personen – treffen sich einmal wöchentlich über einen Zeitraum von drei Monaten, um gemeinsam an den Zielen der einzelnen Personen zu arbeiten, etwa Zeitmanagement, Lernverhalten oder Kommunikation. Lassen Sie Auszubildende verschiedener Lehrjahre »Circles« gründen, um an persönlichen Herausforderungen und Zielen zu arbeiten.

Barcamp

Eine sogenannte *Unkonferenz* als Open-Space-Format zielt darauf ab, dass die Inhalte und der Ablauf vor Ort von den Teilnehmern selbst entwickelt werden. Es gibt keine vorbereitete Agenda, sondern nur vordefinierte Zeitslots für verschiedene Themen, die sich vor Ort ergeben. Teilnehmer bringen selbst Themen ein, entscheiden, welche für sie interessant sind, und suchen sich diese selbst aus. Veranstalten Sie eine Ausbildungskonferenz, an der Ausbilder, Ausbildungsbeauftragte und Auszubildende ihr Wissen einbringen.

World-Café

Diese aus Präsenzveranstaltungen bekannte Methode hat das Ziel, das Wissen aller Teilnehmer transparent zu machen. Stehtische zu verschiedenen Themen und Fragestellungen – ausgestattet mit »Papiertischdecken« und Stiften – werden von Kleingruppen im Austausch (Diskussionen ähneln Gesprächen in einem Café) visualisiert und diskutiert. Nach einem bestimmten Zeitraum wechseln die Teilnehmer im Uhrzeigersinn (World) zur nächsten Station und diskutieren die nächste Fragestellung mit den vorliegenden Ergebnissen der vorherigen Gruppe. Im Ergebnis haben sich alle Teilnehmer zu den verschiedenen Themen untereinander ausgetauscht und ihr Wissen geteilt. Es gibt unterschiedliche Ausführungsmöglichkeiten. Führen Sie solche World-Cafés an Azubi-Tagen oder Ausbildertagen durch, um den Austausch zu Beginn der Veranstaltung zu fördern. Auch Learning Nuggets sind agile Lernformate (s. Abschnitt Digitale Methoden zur Verbesserung der Ausbildungsqualität).

Beispiel »Agiles Ausbildungskonzept« der Lebensversicherung von 1871 a.G. München

Die Mitarbeiter der Lebensversicherung arbeiten agil in interdisziplinären Teams. Daher wurde ein entsprechendes neues Ausbildungskonzept entwickelt, um die Auszubildenden der unterschiedlichen

Ausbildungsberufe auf agile Arbeitsweisen vorzubereiten. In der sechsmonatigen Kreativ-Werkstatt zu Beginn der Ausbildung arbeiten die Auszubildenden der verschiedenen Fachrichtungen wie Kaufmann/-frau für Versicherung und Finanzen, Fachinformatiker/-in für Anwendungsentwicklung und Systemintegration sowie dual Studierende an einem größeren Projekt wie z.B. »youngInsure«, eine Informationsseite zu Versicherungen für Azubis, Studenten und Berufseinsteiger. Versorgt werden sie mit methodischen Grundlagen (agiles Arbeiten, Scrum) und betreut durch Mentoren aus dem Unternehmen sowie Ausbilder bei Konflikten.

Die Rolle des Ausbilders ist beim Einsatz von agilen Lernformaten bis hin zur Entwicklung einer »agilen Ausbildung« in erster Linie die Rolle des Vermittlers von Lernformaten statt von Lerninhalten und deren Gestaltung. Auszubildende können durch diese Lernformate schrittweise an die Selbststeuerung ihres Lernprozesses herangeführt werden. Hier sind die Rahmenbedingungen wie freie Zeiten zum Gestalten des Lernprozesses und passende Ansprechpartner essenziell.

Prüfungsvorbereitung

Zu den wichtigsten Themenbereichen in der Ausbildung gehören die Prüfungen. Schließlich wird der Ausbildungserfolg daran gemessen – und auch die Arbeit der Ausbilder. Prüfungsvorbereitung ist aktuell noch alleinige Aufgabe der Auszubildenden bzw. der Berufsschulen. Ausbildungsbetriebe unterstützen bei der Prüfungsvorbereitung, wenn sie Auszubildende besonders gut abschneiden lassen möchten oder es Handlungsbedarf bei Lernschwächeren gibt. In finanzierten Intensivkursen kurz vor der Prüfung als auch in internen Lerngruppen werden Auszubildende vorbereitet. Herausfordernd ist das Thema Prüfung für Personen mit Sprachschwierigkeiten, Lernschwächen, privaten Herausforderungen und Erkrankungen. Ein Fehlen in der Berufsschule, im Werksunterricht oder im Ausbildungsbetrieb kann den Ausbildungserfolg gefährden. Es werden daher immer mehr individuelle Lernangebote benötigt, um Wissen zu wiederholen, nach dem eigenen Lernstand zu lernen und Inhalte entsprechend nachholen zu können.

Es kooperieren Berufsschulen im gewerblich-technischen Bereich mit Lernmanagement-Plattformen wie vocanto (https://vocanto.com/de) und electude (https://www.electude.de), bei denen das Prüfungswissen thematisch aufbereitet wird durch Texte, Bilder, Videos und 3-D-Simulationen. Letztere bieten insbesondere einen Mehrwert gegenüber Lehrbüchern und Videos. Auch können Inhalte immer wieder je nach individuellem Verständnis wiederholt werden. Das kaufmännische Äquivalent dazu bilden prüfungs.tv und prozubi.de.

Viele Unternehmen und Berufsschulen nutzen diese Plattformen nicht nur zur Prüfungsvorbereitung, sondern lassen Auszubildende in Leerzeiten oder auch ganz bewusst zu vereinbarten Zeiten sich damit das Wissen selbst aneignen. Ausbilder bzw. Berufsschullehrerinnen dienen nun weniger der Wissensvermittlung. Ihre Rolle ist vielmehr, Verständnisfragen zu klären, aufgrund von Auswertungen über den Lernstand weitere Inhalte zu planen, Lernschwache zu unterstützen, Lernstarke durch weitere Aufgaben und Herausforderungen zu fordern usw. Trotz anfänglicher Skepsis sind die meisten Beteiligten überzeugt, dass solche Online-Plattformen eine wertvolle Unterstützung sind. Berufsschülerinnen und -schüler kommen von sich aus auf die Lehrkräfte zu und fragen nach weiteren Modulen und Inhalten.

Auswahl und Einführung einer Lernplattform

Der Markt ist voll von Anbietern verschiedener Tools wie Learning Nuggets, Quizze, Apps sowie unzähliger Lernplattformen für verschiedene Anlässe. Daraus die passenden Anbieter auszuwählen, ist eine Herausforderung. Folgende Vorgehensweise unterstützt bei einer geeigneten Auswahl und Einführung – insbesondere von Lernplattformen:

Ziel

- Was ist der Grund für die Einführung?
- Was soll damit ersetzt, ergänzt bzw. neu gestaltet werden?
- Welche Kompetenzen und Kenntnisse sollen über die Plattform bzw. das Tool vermittelt werden?

Features (Merkmale)

- Welche Systemvoraussetzungen benötigt die Plattform?
- Beispielsweise gibt es Plattformen, die auf MS 365 aufbauen, oder im Unternehmen existiert bereits eine Plattform, die erweitert werden soll.
- Sind die Inhalte bereits in der Plattform integriert oder soll diese selbst befüllt werden? Oder ist beides wichtig?
- Welche Lernformate sollen abgebildet werden (Video, Text, Präsentation, Quiz, Austauschforum usw.)?
- Wie können die Auszubildenden ihren Lernerfolg kontrollieren?
- Wie können der Ausbilderin oder dem Ausbilder Auswertungen über den Lernerfolg der Auszubildenden oder der Azubi-Gruppe zur Verfügung gestellt werden?

Rollen

- Ist die Nutzung der Plattform für die Auszubildenden freiwillig oder verpflichtend?
- Welche Rolle hat die Ausbilderin / der Ausbilder bzw. ggf. die / der Ausbildungsbeauftragte (Entwickeln von Lerninhalten, Kontrollieren von Lernerfolgen)?

Zugriffsrechte

- Wer hat Nutzungsrechte (Auszubildender), Ansichtsrechte (Vorgesetzte, Betriebsrat), Auswertungsrechte (Ausbilder, Ausbildungsbeauftragte) und Administrationsrechte (IT, Ausbilder)?
- Wann dürfen die Beteiligten die Plattform nutzen (Arbeitszeit, Berufsschule, zu Hause, mobil)?
- Wie dürfen die Beteiligten auf die Plattform zugreifen (eigene Geräte, zur Verfügung gestellte Geräte)?

Datenverwendung

- Ist die Nutzung der Plattform DSGVO-konform?
- Entspricht die Nutzung den Unternehmensrichtlinien?
- Wie, wann und wo werden Daten verarbeitet?

Die Erfahrung zeigt: Je mehr Möglichkeiten Sie sich wünschen, desto teurer wird es.

Vor der Einführung ist es wichtig, die Plattform von verschiedenen Personen testen zu lassen und die Ergebnisse auszuwerten. Nach Einführung sollte die Plattform regelmäßig nach Vor- und Nachteilen optimiert werden und im Austausch mit dem Anbieter sollten Veränderungen vorgenommen werden.

Qualifizierung des Ausbildungspersonals

Die Arbeitswelt von heute und morgen erfordert neue bzw. aktualisierte Kompetenzen, den Umgang mit neuen Technologien und neuen Aufgaben. Auszubildende werden im besten Fall in einer zukunftsorientierten Ausbildung darauf vorbereitet. Doch was ist mit der Qualifizierung des Ausbildungspersonals?

Zunächst verfügen die meisten Ausbilder und einige Ausbildungsbeauftragte über pädagogische und rechtliche Grundlagen aus dem AdA-Schein (Ausbildung der Ausbilder) bzw. einem AEVO-(Ausbildereignungsverordnungs-)Vorbereitungskurs. Für die tägliche Arbeit mit Auszubildenden bereitet dies sie nur bedingt vor. Ausbildungsbeauftragte, die nicht diese Vorbereitung auf ihre Tätigkeit erhalten, sind mit vielen Fragestellungen überfordert. In Anbetracht der Herausforderungen bei der Vermittlung neuer Kompetenzen und beim Umgang mit Technologien bedarf es einer umfassenden Qualifizierung sowie Unterstützung des gesamten Ausbildungspersonals. Die folgenden Kompetenzen sind aktuell und zukünftig für das Ausbildungspersonal relevant (sie entsprechen denen der Auszubildenden, s. Abschnitt Neue Lerninhalte in der Ausbildung 4.0):

- Problemlösekompetenz,
- Veränderungs- und Lernkompetenz,
- Zusammenarbeit mit Kunden und Kollegen,
- interkulturelle und generationenübergreifende Kommunikation,
- Digital- und Medienkompetenz,
- *Plus: Neue didaktische Lehrkompetenz.*

Das Ausbildungspersonal muss dazu befähigt werden, diese neuen Kompetenzen zu vermitteln bzw. die Auszubildenden bei deren Entwicklung zu begleiten. Gleichzeitig geht es mit gutem Beispiel voran und entwickelt seine eigenen Kompetenzen. Auszubildende fragen sich zu Recht, warum sie Planspiele durchlaufen, die Veränderungen und komplexe Problemstellungen beinhalten, ihre Ausbilder jedoch dabei überfordert wären.

Um das Ausbildungspersonal zu befähigen, sind folgende Maßnahmen hilfreich:

- Klären Sie die Betroffenen über Generation Z, Arbeitswelt 4.0 und Digitalisierung am unternehmensspezifischen Beispiel auf.
- Entwickeln Sie eine eigene Umsetzung der Arbeitswelt 4.0: Planen Sie als strategische Ausbildungsverantwortliche mit interessierten Ausbildern die Ausbildungsinhalte und -methoden auf der grünen Wiese.
- Setzen Sie interessierte Ausbilderinnen und Ausbilder als Vorreiter für den Wandel ein und probieren Sie mit ihnen neue Hardware (z. B. VR-Brillen, Tablets, Smartphones), Software (z. B. Lernplattformen, Apps, Quiz-Apps) und Arbeitsweisen aus.
- Beziehen Sie Auszubildende mit ein. Dies fördert das gemeinsame Erarbeiten und eine bessere Kommunikation zwischen den Generationen. Insbesondere ermöglicht es die Perspektive auf die Zielgruppe und wie sie unterstützt werden kann.
- Entwickeln Sie ein Ausbildungsprogramm für das Ausbildungspersonal anhand des Kompetenzkatalogs, z. B. geben Sie dem Ausbildungspersonal komplexe Fragestellungen vor, auf die es nicht immer sofort eine eindeutige Antwort gibt (Beispiel: digitales Lernen für die Ausbildung anhand der Corona-Krise).
- Bieten Sie Selbstlernmöglichkeiten, z. B. mit MOOCs, während der Arbeitszeit an.
- Probieren Sie agile Arbeits- und Lernmethoden aus.
- Unterstützen Sie die sozialen Kompetenzen durch Weiterbildung zu Themen wie Inhalte vermitteln, Feedback geben, Beurteilen und Selbstreflexion.
- Machen Sie die Ausbildungsverantwortlichen mit den Lernplattformen und Tools in ihrem eigenen Lernprozess als Teil-

nehmer vertraut, damit sie danach deren Einsatzmöglichkeiten genauer planen können.

- Kommunizieren Sie selbst viel und machen Sie Begriffe wie Arbeitswelt 4.0 und Digitalisierung greifbar.
- Organisieren Sie Austauschformate, bei denen die Inhalte vom Ausbildungspersonal eingebracht werden.
- Gehen Sie selbst mit gutem Beispiel voran und lassen Sie sich darauf ein, viel Neues zu lernen. Blockaden seitens des Ausbildungspersonals ergeben sich häufig auch daraus, dass die Geschäftsleitung oder die Ausbildungsleitung eine neue Ausbildung ausruft, sich selbst aber an der Umsetzung nicht beteiligt.

Checkliste: Anpassung Ihrer Ausbildungsinhalte und -methoden

Inhalte und Kompetenzen

- ☐ Wie sehr passen die vermittelten Inhalte in der Ausbildung zu den Anforderungen der Fachbereiche?
- ☐ Wie werden neue Kompetenzen aus der Arbeitswelt vermittelt?

Neue Lernkultur

- ☐ Wie viel Vertrauen schenken Sie Ihren Auszubildenden, sich eigenverantwortlich um ihren Ausbildungserfolg zu kümmern?
- ☐ Wie gut sind die Rahmenbedingungen für Auszubildende, selbstgesteuert und eigenverantwortlich lernen zu können?
- ☐ Wie offen gehen Sie mit digitalen Medien im Unternehmen um?
- ☐ Wie aktuell sind Ihre Lehrmittel, Hardware und Software?
- ☐ Wie sehr werden Auszubildende auf Prüfungen vorbereitet?
- ☐ Wie attraktiv machen die Ausbildungsinhalte und -methoden Sie als Arbeitgeber? Was sagen Bewerber?

Qualifizierung des Ausbildungspersonals

- ☐ Wie digital fit ist Ihr Ausbildungspersonal?
- ☐ Wie unterstützen Sie Ausbildungsbeauftragte bei den Themen Vermittlung von Inhalten und Kommunikation?
- ☐ Wie gut sind die Ausbilder auf die neue Arbeitswelt, neue Technologien und neue Kompetenzen vorbereitet? Was tun Sie, um sie vorzubereiten?
- ☐ Wie agil arbeitet Ihr Unternehmen bereits? Wie können Sie agile Lernformate in Ihre Ausbildung integrieren?
- ☐ Wie viel Freiraum geben Sie Ihrem Ausbildungspersonal, eigene Ideen zu Verbesserung der Ausbildungsqualität beizusteuern?

8 Ausbildung 4.1

Einige Leserinnen und Leser fragen sich nun vielleicht: »Ausbildung 4.0 – was kommt danach?« Die Version 5.0 von Industrie, Arbeitswelt und Ausbildung wäre eine neue Revolution, deren Ausgestaltung nur eine Hypothese ist. Die nächsten Schritte in der Arbeits- und Ausbildungswelt sind jedoch schon absehbar, da es erste Unternehmen gibt, die sie ausprobieren. Viele Ausbildungsbetriebe haben die Version 4.0 noch gar nicht erreicht und daher geht es hier zunächst um die Weiterentwicklung und die zukünftigen Herausforderungen von Ausbildung 4.0. Dieses Kapitel beschreibt den nächsten Schritt – die Ausbildung 4.1.

Neue Lernkultur

Viele Unternehmen probieren agile Arbeitsweisen und Lernformen aus in der Überzeugung, dass Transparenz, flache Hierarchien und eine Lernkultur mit offenen Lernformaten der Schlüssel zum Umgang mit einem sich schnell wandelnden Umfeld sind.

Das Verständnis von einer Hierarchie in der Ausbildung, bei der das erfahrene Ausbildungspersonal stets über mehr Wissen, Fähigkeiten und Kenntnisse verfügt als Auszubildende, wird sich mit der Halbwertzeit des Wissens und der Möglichkeit, Wissen on demand abzufragen, an vielen Stellen auflösen. Der Lernprozess wird modulhafter, eigenverantwortlicher und adaptiver. Er muss an die Aufgaben der Fachbereiche anpassbar sein.

Beispielsweise eignet sich ein kaufmännischer Auszubildender die theoretischen Inhalte der Buchhaltung an, während er im Fachbereich eingesetzt ist. Ein Auszubildender aus dem gewerblich-technischen Bereich schaut sich die Bedienung eines Gerätes, welches gleich zum

Einsatz kommt, und die Unterweisung zur Arbeitssicherheit auf dem Weg zur Baustelle an.

Ausbilder und Berufsschullehrer sorgen über eine Plattform für die Aufbereitung des Wissens für verschiedene Lerntypen und stehen bei Fragen stets zur Verfügung. Eine ständige Anwesenheit beim Lernen in einer formalen Bildungsstätte wie Berufsschule, Ausbildungswerkstatt oder Unterrichtsraum ist daher je nach Aufgabe nicht notwendig.

In Form von Lernpfaden erlernt jeder Auszubildende je nach Ausbildungsberuf die gleichen Inhalte – jedoch zu einem unterschiedlichen Zeitpunkt nach Bedarf und eigenem Tempo sowie mit weiteren Zusatzbausteinen je nach Interesse und Themen im Fachbereich.

Offene, agile Lernformate werden im Unternehmen gelebt und Auszubildende sind daran gleichwertig beteiligt. Die Ausbildung wird nicht nur als Aufgabe der Ausbildungsabteilung gesehen, sondern als Teil der Lernkultur des gesamten Betriebs. Beispielsweise stehen Mentoren Auszubildenden zur Verfügung, um Kontakte ins Unternehmen hinein für Aufgaben und Projekte herzustellen, informelle Regeln zu veranschaulichen, Tipps von Erfahreneren weiterzugeben und Austausch zu ermöglichen.

Die Ausbildung wird zukünftig auf ein Schulsystem aufbauen, das sich durch den Druck von außen stetig weiterentwickeln und im Sinne einer Arbeits- und Ausbildungsreife die neuen Kompetenzen der Arbeitswelt 4.0 sowie neue Arten zu lehren und zu lernen vermitteln muss.

Ausbilder werden zu Pädagogen

Die neuen Rollen der Ausbilder erfordern es immer weniger, fachlich versiert Ausbildungsinhalte vermitteln zu können. Sie sind zukünftig stärker für die Aufbereitung und Aktualisierung von Wissen, die Entwicklung von analogen und digitalen Lernformaten und die Begleitung der Auszubildenden bei ihrem Lernprozess zuständig. Ausbilder haben daher eine grundlegende pädagogische Ausbildung und können sich auch um sozialpädagogische Themen und die soziale Betreuung der Auszubildenden kümmern.

In der Praxis erfüllen Ausbilder mehrere Rollen oder je nach Unternehmensgröße auch nur eine Rolle. Beispielsweise gibt es einzelne Personen, die lediglich die persönliche Betreuung von Auszubildenden in ihrer motorischen Entwicklung in der Lehrwerkstatt übernehmen. Andere sind didaktische Experten für die Aufbereitung von verschiedenen Fachthemen. Eine weitere Funktion ist der Ausbilder als Sozialpädagoge, der die Auszubildenden bei der Bewältigung persönlicher und sozialer Herausforderungen betreut.

Generation Next

Nach Generation Z kommt? Generation Alpha. Als Generation Alpha wird die Nachfolgegeneration der Generation Zombie bezeichnet. In etwa fünf Jahren werden diese jungen Menschen auch in die duale Berufsausbildung strömen. Sie sind nach 2010 geboren. Daher sind konkrete Aussagen über ihr Weltbild und Wertesystem noch nicht zu treffen. Ihre Erlebnisse während der Jugendzeit im Alter von 11 bis 15 Jahren werden sie prägen. Dadurch, dass sie mit Smartphone und Tablet bereits in jungen Jahren interagieren und dies für selbstverständlich halten, wird der Umgang mit mobilen Endgeräten noch intuitiver.

Auch mit künstlicher Intelligenz wachsen sie bereits auf und sind gewohnt, Unterstützung bei Fragen und Entscheidungen beispielsweise von sprachgesteuerten Assistenten zu erhalten. Das Thema Nachhaltigkeit ist in aller Munde und wird diese Generation stark prägen. Sie wird noch stärker Nachhaltigkeit, Fairness im Umgang mit Lieferanten und Mitarbeitern sowie Umweltschutz nachfragen.

Content

Unter dem Begriff »Content Curation« (Pflege von Inhalten) gilt es, einen sinnvollen Umgang mit Daten zu pflegen. Viele Inhalte sind bereits kostenlos oder leicht zugänglich im Netz zu finden. Die Herausforderung für Ausbilder und Lerner ist, aus der Fülle der Daten die relevanten Informationen herauszufiltern und sie zu kontrollieren. Darauf aufbauend müssen sie strukturiert, organisiert und für andere Personen aufbereitet werden. Insbesondere wenn Auszubildende selbst Inhalte erstellen (was zukünftig immer häufiger der Fall sein wird), bedarf es eines Rahmens dafür und Regeln, nach denen die Azubis vorgehen sollen (etwa Corporate Design, Abläufe beim Einstellen).

KI

Wissenschaftler sind sich uneinig, was künstliche Intelligenz in Zukunft kann bzw. besser können wird als der Mensch. In diesem Zusammenhang wird Deep Learning (mehrschichtiges Lernen) als Methode des Machine Learning (maschinelles Lernen) als der nächste Schritt in der Entwicklung der künstlichen Intelligenz gesehen. Hierbei werden große Datenmengen (Big Data) von der Maschine verwendet und selbst analysiert, das heißt, sie lernt selbstständig. Solche Systeme kommen bei Gesichts- und Spracherkennung zum Einsatz und entwickeln die Vorhersagekraft von Kundenverhalten. Hier sind an vielen Stellen ethische, technische und qualitative Herausforderungen zu lösen.

Aktuell sind künstliche Intelligenzen im Detail noch nicht so unterstützend, wie man es sich wünscht. KIs, die nach Analyse von Lebensläufen dem Bewerber Stellenausschreibungen vorschlagen, sind erst in den Anfängen. Dennoch werden sie bei Nutzung von Big Data zukünftig bei der Analyse zur Berufswahl Vorschläge machen können und wichtige Bausteine für die Erstellung von Karrierepfaden basierend auf dem Lernverhalten (Learning Analytics) als auch der Performance zusammenstellen können. Jugendliche erfahren beispielsweise zukünftig von Alexa, worauf sie sich bewerben können – sofern sie alle Tools freigestellt haben. Eine wissenschaftlich fundierte Basis von KI im Recruiting wäre wünschenswert, lässt jedoch noch auf sich warten.

Ausbildung als Innovator

Die duale Berufsausbildung wird durch den Druck der Gesellschaft und den Fachkräftemangel wieder an Bedeutung gewinnen. In der Corona-Krise wurden von heute auf morgen neue digitale Lernformate ausprobiert, im Berufsschulunterricht adapiert und Auszubildende teilweise zum Arbeiten und Lernen ins Home-Office geschickt. Ausbildungsbetriebe, die jetzt mutig mit innovativen Ausbildungskonzepten starten, treffen auf eine offene Generation, die sich von dieser neuen

Lernkultur begeistern lässt und diese mit weiterentwickelt. Damit wird Ausbildung als Innovator im Unternehmen dienen, um neue Arbeitsweisen, neue Lernformate und ein neues Miteinander zu etablieren.

Glossar

Augmented Reality (AR) (deutsch: erweiterte Realität):
Die Realität wird mit zusätzlichen Inhalten wie Informationen, Bildern, Videos und Spielen ergänzt. Dafür wird meist nur ein Smartphone oder Tablet mit Kamera benötigt. Die Inhalte werden über eine App eingebunden.

Big Data (deutsch: Massendaten):
Datenmengen, die zu umfangreich und komplex sind, um sie mit gewohnten Technologien der Datenverarbeitung auswerten zu können. Neue Technologien sollen mithilfe der Datenmengen Produktionen optimieren und Entwicklungen vorausberechnen können.

Chatbot (kurz: **Bot**; deutsch: Chatroboter):
Ein chatbasiertes Dialogsystem, das mit dem Nutzer per Chat interagiert und einfache Informationsfragen beantworten kann. Künstliche Intelligenzen werden hier eingesetzt, damit der Bot aus eigenen Fehlern lernt.

Cloud (deutsch: Datenwolke):
Daten werden von einem Gerät über das Internet auf den Server eines Cloud-Anbieters hochgeladen. Mit verschiedenen Geräten als auch von unterschiedlichen Orten kann übers Internet auf diese Cloud zugegriffen werden, ohne dass Speicherplatz auf dem Gerät benötigt wird.

Cyber-physische Systeme (CPS):
Mechanische Komponenten sind über Netzwerke und moderne Informationstechnik miteinander verbunden. Beispiele sind Smart Grid (intelligente Stromnetze), Frühwarnsystem bei Tsunamis und Fahr-Assistenzsysteme.

Follower (deutsch: Folgender):
Abonnent bzw. regelmäßiger Empfänger von Nachrichten und Inhalten auf sozialen Netzwerken wie Instagram und Twitter.

Gamification (deutsch: zum Spiel machen):
Einsatz von spieltypischen Elementen in spieluntypischen Kontexten. Beispiele: Quizze, Rangfolgen, Fortschrittsbalken, Ranglistenpunkte.

GIF (Graphics Interchange Format) (deutsch: Grafikaustausch-Format):
Mit GIF werden kurze Bild-Animationen bezeichnet, die sich wiederholen.

Hashtag (#) (deutsch: Doppelkreuz + Markierung):
Schlagwort in Social Media, bei dem eine Raute (#) vorangestellt wird, damit Beiträge zu diesen markierten Schlagwörtern und Trends in Postings und Suchanfragen besser gefunden werden.

IKT (Informations- und Kommunikationstechnik):
Verschmelzung der Begriffe Informationstechnologie (IT) und Telekommunikation (TK), bei denen alle Kommunikationsanwendungen wie Fernsehen, Smartphone, Computersysteme inbegriffen sind.

Influencer (deutsch: Beeinflusser):
Personen, die persönlich und vor allem im Internet Produkte, Unternehmen, Ausbildungsbetriebe empfehlen und bewerben. Durch ihre große bzw. spezifische Reichweite sprechen sie gezielt ihre Zielgruppe an. Werbung erfolgt hierbei weniger als klassisches Werbevideo, sondern als Produkttest und Follow-me-around. Influencer können auch Multiplikatoren im Unternehmen sein.

KPI (Key Performance Indicator) (deutsch: Leistungskennzahl):
Kennzahlen zur Messung des Erfolgs und Fortschritts wichtiger Zielsetzungen und Erfolgsfaktoren.

Künstliche Intelligenz (KI):
Entwicklung »intelligenter« Systeme zur Lösung und Erforschung komplexer Probleme.

Learning nugget (deutsch: Lernbröckchen):
Kleine Lerneinheiten, die meist zwischen einer und zehn Minuten Zeit benötigen. Sie erheben nicht den Anspruch, komplette Lerneinheiten aufzuheben, sondern zerstückeln sie in kleinere, »verdaulichere Lernhäppchen«, die auch zwischendurch (informell) erlernt werden können.

Learning on demand (deutsch: Lernen auf Abruf):
Im Moment des Problems, der Frage oder der Wissenslücke im Arbeitskontext auf Informationen zugreifen zu können, die für die Lösung behilflich sind. Beispiele: Online-Nachschlagewerke wie Wikis und Online-Bibliotheken.

M2M Communication (Machine-to-Machine Communication):
Informationsaustausch von Messwerten und Verbrauchsdaten zwischen Maschinen, Fahrzeugen und Automaten untereinander, Beispiel: Abrechnung von Mautgebühren.

Machine Learning (deutsch: maschinelles Lernen):
Ein künstliches System lernt aus Beispielen und leitet daraus Muster und Regeln ab. Beispiel: Sprach- und Texterkennung.

Mixed Reality (MR) (deutsch: gemischte Realität):
Kombination aus AR und VR, bei der Realität und Virtualität wahrnehmbar sind (s. auch AR, VR).

MOOC (Massive Open Online Courses):
Online-Vorlesungen, meist von bekannten Universitäten angeboten, an denen eine Vielzahl von Interessierten teilnehmen kann, ohne eine Zugangsvoraussetzung zu benötigen.

Persona:
Profiltyp einer Zielgruppe mit verschiedenen Merkmalen, der in Form von fiktiven Personenbeschreibungen potenzieller Bewerber erstellt wird.

Remote:
Sammelbezeichnung für den Zustand, nicht am gleichen Ort, aber über Computer und Smartphone miteinander verbunden zu sein.

SMART-Methode:
Methode zur Definition von Zielen nach folgenden Kriterien: Spezifisch – Messbar – Attraktiv – Realistisch – Terminiert.

Story:
Als Story werden auf verschiedenen Social-Media-Plattformen wie Instagram, Facebook und WhatsApp Bilder und Kurzvideos bezeichnet, die nur 24 Stunden verfügbar sind. Zum Stream der Plattformen ist dies ein zusätzliches Feature.

Streaming (deutsch: Strömen):
Daten werden live übertragen, sodass sie während der Übertragung angesehen und angehört werden können und nicht erst nach dem Hochladen. Beispiel: Jemand überträgt live sein Spielverhalten, bei dem ihm Personen zuschauen können (Facebook, Instagram Live, Twitch, YouTube Stream).

Tutorial (deutsch: Lernprogramm):
Anleitung per Video zu verschiedenen Themen auf Video-Plattformen.

USP (Unique Selling Proposition) (deutsch: Alleinstellungsmerkmal):
Angebot eines Unternehmens, mit dem es sich von seiner Konkurrenz abhebt.

Virtual Reality (VR) (deutsch: virtuelle Realität):
Virtuelle Umgebung, in der mittels VR-Brille und Controller agiert wird. Beispiel: Reifen wechseln in einer virtuellen Autowerkstatt.

VUCA:
Steht für die Begriffe Volatilität (englisch: volatility), Unsicherheit (englisch: uncertainty), Komplexität (englisch: complexity) und Mehrdeutigkeit (englisch: ambiguity) und beschreibt eine Welt mit sinkender Halbwertzeit des Wissens und wachsenden, komplexen Herausforderungen.

Verwendete und weiterführende Literatur

Ausbildung.de Schülerstudie 2020 – azubi.report; https://www.talentplatforms.de/azubi-report/

Bärschneider, Nina: Sprachanalysesoftware – das Recruitingtool der Zukunft. In: Human Resources Manager. 02.04.2019 – https://www.humanresourcesmanager.de/news/sprachanalysesoftware-das-recruitingtool-der-zukunft.html (letzter Zugriff: 14.01.2020)

Bandura, Albert: Lernen am Modell. Ansätze zu einer sozial-kognitiven Lerntheorie. Stuttgart: Klett Verlag, 1976

Bendel, Oliver: Definition Gamification In: Gabler Wirtschaftslexikon, Verlag Springer Gabler, 19.02.2018 – https://wirtschaftslexikon.gabler.de/definition/gamification-53874/version-276936 (letzter Zugriff: 14.01.2020)

BeraCom: VPLAN – https://www.beracom.de/software/software-vplan-home/

Bolten, Jürgen: Interkultureller Trainingsbedarf aus der Perspektive der Problemerfahrungen entsandter Führungskräfte. In: Götz, K. (Hrsg.): Interkulturelles Lernen/Interkulturelles Training, 6. Auflage, München: Hampp, 2006

BPEX: Berichtsheft-App – http://www.berichtsheftapp.de

Bughin, Jaques et al.: McKinsey Global Institute. Skill Shift Automation and the future of the workforce. Discussion Paper May 2018. Online verfügbar unter: https://www.mckinsey.com/~/media/McKinsey/Featured%20Insights/Future%20of%20Organizations/Skill%20shift%20Automation%20and%20the%20future%20of%20the%20workforce/MGI-Skill-Shift-Automation-and-future-of-the-workforce-May-2018.ashx (letzter Zugriff: 14.01.2020)

Bundesinstitut für Berufsbildung (Hrsg.): BIBB-Erhebung zu Kosten und Nutzen der betrieblichen Ausbildung 2012/13 – Betriebliche Ausbildungskosten nach Ausbildungsberufen. Online verfügbar unter: https://www.bibb.de/dokumente/pdf/Ausbildungskosten_nach_Berufen_2012_13_Internet.pdf (Zugriff am 14.01.2020)

Bundesinstitut für Berufsbildung (Hrsg.): Datenreport zum Berufsbildungsbericht 2019. Informationen und Analysen zur Entwicklung der beruflichen Bildung. Bonn: 2019. Online verfügbar unter: https://www.bibb.de/dokumente/pdf/bibb_datenreport_2019.pdf (letzter Zugriff: 14.01.2020)

Bundesinstitut für Berufsbildung (Hrsg.): Digitale Medien in Betrieben – heute und morgen. Eine repräsentative Bestandsanalyse. Bonn: 2016. Online verfügbar unter: https://www.bibb.de/veroeffentlichungen/de/publication/show/8048 (letzter Zugriff: 14.01.2020)

Bundesinstitut für Berufsbildung: Entwicklung der Gesamtzahl der anerkannten und als anerkannt geltenden Ausbildungsberufe in Deutschland von 1971 bis 2019. Online verfügbar unter: https://de.statista.com/statistik/daten/studie/156901/umfrage/ausbildungsberufe-in-deutschland/ (letzter Zugriff: 14.01.2020)

Bundesministerium für Arbeit und Soziales: BMAS Werkheft 03: Beitrag zum Projekt »Zusatzqualifikationen«, 2017. Online verfügbar unter: http://kompetenzen-digital.org/wp-content/uploads/2017/10/BMAS_2017_Werkheft_03.pdf (letzter Zugriff: 14.01.2020)

Bundesministerium für Bildung und Forschung (BMBF): Berufsbildungsbericht 2017. Paderborn: 2017

Bundesministerium für Bildung und Forschung (BMBF): Berufsbildungsbericht 2019. Bonn: 2019

Bundesministerium für Wirtschaft und Energie: Ausbildung und Industrie 4.0: Zupacken statt zu warten in der Metall- und Elektroindustrie, 2018. Online verfügbar unter: https://www.bmwi.de/Redaktion/DE/Pressemitteilungen/2018/20180608-ausbildung-industrie-4-0-zupacken-statt-zuwarten-in-der-metall-und-elektroindustrie.html (letzter Zugriff: 14.01.2020)

Buschbacher, Josef; Ruffner, Alexander: Ausbildungscontrolling. Herne: NWB Verlag, 2017

Buschbacher, Josef: Lernen der Zukunft – iBeacons, Lernvideos und Co. In: Impulse für den digitalen Wandel. 17 Impulse zur Digitalisierung in der Aus- und Weiterbildung und zum Lernen in der

Zukunft. GABAL e.V. (Hrsg.): Offenbach: Jünger Medien Verlag, 2018
Calmbach, Marc et al.: Wie ticken Jugendliche 2016? Lebenswelten von Jugendlichen im Alter von 14 bis 17 Jahren in Deutschland. Sinus Jugendstudie 2016. Berlin: 2016.
Commerzbank: Self-Assessment – http://www.probier-dich-aus.de
Cornelsen eCademy: https://www.ecademy-learning.com
DigiScouts: https://www.rkw-kompetenzzentrum.de/fachkraeftesicherung/projekte/ausbildung-und-fachkraeftenachwuchs/auszubildende-als-digitalisierungsscouts/alles-was-sie-ueber-digiscoutsr-wissen-muessen/
Dückert, Simon: Das Netz als Lern-Infrastruktur. In: Erpenbeck, John; Sauter, Werner (Hrsg.): Handbuch Kompetenzentwicklung im Netz. Bausteine einer neuen Lernwelt. Stuttgart, Schäffer-Poeschel, 2017
EDEKA Schülerwettbewerb: https://edeka-schuelerwettbewerb.de
EDEKA Südwest: Berufe-Checker https://www.hier-bleib-ich.com/de/berufe/berufe-checker
Engels, Barbara: Werbung: Online ist oft teurer, aber auch präziser. IW-Kurzbericht 57/2018. Institut der deutschen Wirtschaft (Hrsg.) Online verfügbar unter: https://www.iwkoeln.de/fileadmin/publikationen/2018/402954/IW-_Kurzbericht_2018-57_Influencer.pdf (letzter Zugriff: 14.01.2020)
ertragswerkstatt GmbH: Ausgezeichneter Ausbildungsbetrieb https://www.ausgezeichneter-ausbildungsbetrieb.de
Euler, Dieter; Severing, Eckart: Welche Berufsausbildungen sind durch akademische Bildungsangebote gefährdet? Indikatoren für eine Verschiebung von der Berufsausbildung in akademische Studienangebote. Gütersloh: Bertelsmann Stiftung, 2017. Online verfügbar unter: https://www.bertelsmann-stiftung.de/fileadmin/files/BSt/Publikationen/GrauePublikationen/LL_GP_Welche_Berufsausbildungen_gefaehrdet.pdf (letzter Zugriff: 14.01.2020)
Europäische Union: Digitale Kompetenzen – Raster zur Selbstbeurteilung. Online verfügbar unter: https://europass.cedefop.europa.eu/sites/default/files/dc_-_de.pdf (letzter Zugriff: 14.01.2020)
Funke, Joachim et al.: Problemlösendes Denken, Stuttgart: W. Kohlhammer GmbH, 2003

Gensicke, Miriam et al.: Digitale Medien in Betrieben – heute und morgen. Eine repräsentative Bestandsanalyse. Wissenschaftliche Diskussionspapiere. Heft 177. Bonn: Bundesinstitut für Berufsbildung, 2016.

gevainstitut: https://www.geva-institut.de/leistungen/diagnostik-berufs-und-studienorientierung/geva-test-fuer-schulabgaenger/geva-test-studium-beruf-privatkunden

Goleman, Daniel: Emotionale Intelligenz. 23. Auflage. München: Deutscher Taschenbuch Verlag, 2013

Häusling, André; Römer, Esther; Zeppenfeld, Nina: Praxisbuch Agilität – inkl. Augmented-Reality-App: Tools für Personal- und Organisationsentwicklung. 2. Auflage. Freiburg: Haufe, 2019

Heimann, Klaus: Berufliche Bildung 4.0. Herausforderungen und gute Praxis. WISO Diskurs. 12/2017. Online verfügbar unter: https://library.fes.de/pdf-files/wiso/13645-20171102.pdf (letzter Zugriff: 14.01.2020)

Heublein, Ulrich; Schmelzer, Robert: Die Entwicklung der Studienabbruchquoten an den deutschen Hochschulen. Berechnungen auf Basis des Absolventenjahrgangs 2016. DZHW-Projektbericht. Oktober 2018. Online verfügbar unter: https://www.dzhw.eu/pdf/21/studienabbruchquoten_absolventen_2016.pdf (letzter Zugriff: 14.01.2020)

Hogrefe Intelligenztests: https://www.hogrefe.de/shop/tests/intelligenztests.html

IBM: Künstliche Intelligenz »Watson« https://www.ibm.com/watson/de-de/

IFT-Nord: Alkohol und Drogen als Risikofaktoren für einen erfolgreichen Ausbildungsabschluss. Sachbericht zum 30.06.2015. Online verfügbar unter: https://www.bundesgesundheitsministerium.de/fileadmin/Dateien/5_Publikationen/Drogen_und_Sucht/Berichte/Abschlussbericht_Alkohol_Drogen_bei_Auszubildenden.pdf (letzter Zugriff: 14.01.2020)

IHK München: IHK Ratgeber. Integration. Online verfügbar unter: https://www.ihk-muenchen.de/ausbildung/integration/fluechtlinge-einstellen/ (letzter Zugriff: 14.01.2020)

Jacobs, Peter; Preuße, Michael: Kompaktwissen AEVO in vier Handlungsfeldern. Köln: Bildungsverlag EINS, 2018

Mahlmann, Regina: Themenfeld 23. Serious Games als Lernmedium

in der Ausbildung – Chancen und Grenzen. In: PersonalAusbilden. 98. Erg.-Lfg. Games als Lernmedium. April 2015
Mangeldorf, Martina: Von Babyboomer bis Generation Z. Der richtige Umgang mit unterschiedlichen Generationen im Unternehmen. Offenbach: GABAL Verlag, 2015
Matthes, Stephanie et al.: Die Entwicklung des Ausbildungsmarktes im Jahr 2018. Deutlich mehr Ausbildungsplatzangebote, jedoch erneut mehr unbesetzt Plätze. Analysen auf Basis der BIBB-Erhebung über neu abgeschlossene Ausbildungsverträge und der Ausbildungsmarktstatistik der Bundesagentur für Arbeit. Fassung vom 17. Januar 2019. Bonn: Bundesinstitut für Berufsbildung, 2019. Online verfügbar unter: https://www.bibb.de/dokumente/pdf/a11_beitrag_naa309-2018.pdf (letzter Zugriff: 14.01.2020)
Medienpädagogischer Forschungsverbund Südwest: JIM-Studie 2018. Jugend, Information, Medien. Online verfügbar unter: https://www.mpfs.de/studien/jim-studie/2018/ (letzter Zugriff: 14.01.2020)
Methodenkartei der Uni Oldenburg: World Café. Online verfügbar unter: https://www.methodenkartei.uni-oldenburg.de/uni_methode/world-cafe/ (letzter Zugriff: 14.01.2020)
Meyer, Erin; Schieberle, Andreas; Ferber, Marlies: Die Culture Map: Ihr Kompass für das internationale Business. Weinheim: Wiley-VCH, 2018
Netze BW: Video Elektroniker für Betriebstechnik – https://www.netze-bw.de/unternehmen/karriere/technische-ausbildung#1-2
Phase BE: https://www.phasebe.de
Piopiunik, Mark; Kugler, Franziska; Wößmann, Ludger: Einkommenserträge von Bildungsabschlüssen im Lebensverlauf: Aktuelle Berechnungen für Deutschland. Ifo Schnelldienst. Forschungsergebnisse. 07/2017. 70. Jahrgang – Online verfügbar unter: https://www.ifo.de/DocDL/sd-2017-07-woessmann-etal-bildungsrenditen-2017-04-13.pdf (letzter Zugriff: 14.01.2020)
Prozubi GmbH: https://prozubi.de
Rock your life: https://rockyourlife.de
Schlegel, Claudia; Weber, Uwe: Lernen mit Virtual Reality: Ein Hype in der Pflegeausbildung? In: Pädagogik der Gesundheitsberufe. Die Zeitschrift für den interprofessionellen Dialog. Ausgabe 3 / 2019 Online verfügbar unter: https://zeitschrift-

gesundheitspädagogik.info/online-ausgabe/archiv/aktuelle-ausgabe/222-lernen-mit-virtual-reality-ein-hype-in-der-pflegeausbildung (letzter Zugriff: 14.01.2020)
Schmidt, Frank L.; Oh, In-Sue; Shaffer, Jonathan A.: The Validity and Utility of Selection Methods in Personnel Psychology: Practical and Theoretical Implications of 100 Years of Research Findings. Working Paper. October 2016. Online verfügbar unter: https://testingtalent.com/wp-content/uploads/2017/04/2016-100-Yrs-Working-Paper-on-Selection-Methods-Schmit-Mar-17.pdf (letzter Zugriff: 14.01.2020)
Schmitz, Claudia: Arbeitswelt 4.0 – Neue Kompetenzen. 1. Auflage. Braunschweig: Westermann Schulbuch, 2020
Schmitz, Claudia: Digitalisierung in der Berufsausbildung. In: Impulse für den digitalen Wandel. 17 Impulse zur Digitalisierung in der Aus- und Weiterbildung und zum Lernen in der Zukunft. GABAL e.V. (Hrsg.). Offenbach: Jünger Medien Verlag, 2018
Scholz, Christian: Generation Z. Wie sie tickt, was sie verändert und warum sie uns alle ansteckt. Weinheim: Wiley-VCH, 2014
Schufa: Karriereseite https://karriere.schufa.de/schueler/
Shell Deutschland: Jugend 2019. 18. Shell Jugendstudie. Berlin, 2019. Online verfügbar unter: https://www.shell.de/ueber-uns/shell-jugendstudie.html (letzter Zugriff: 14.01.2020)
Softstairs GmbH: Apprentio® – https://apprentio.de
Statistisches Bundesamt: Anzahl der Geburten in Deutschland von 1991 bis 2018, September 2019. Online verfügbar unter: https://de.statista.com/statistik/daten/studie/235/umfrage/anzahl-der-geburten-seit-1993/ (letzter Zugriff: 14.01.2020)
Statistisches Bundesamt: Anzahl der Bachelor -und Masterstudiengänge und aller übrigen Studiengänge in Deutschland im Wintersemester 2019/2020 in Fächergruppen. Online verfügbar unter: https://de.statista.com/statistik/daten/studie/2851/umfrage/anzahl-der-bachelor--und-masterstudiengaenge-nach-faechergruppen-in-2008/ (letzter Zugriff: 14.01.2020)
Statistisches Bundesamt: Duale Studiengänge in Deutschland (Anzahl der Studiengänge, Kooperationsunternehmen, Studierende) von 2004 bis 2016. Online verfügbar unter: https://de.statista.com/statistik/daten/studie/156968/umfrage/duale-studiengaenge-2004-bis-2009/ (letzter Zugriff: 14.01.2020)

T3n: Was sind eigentlich AR und VR? Datum: 02.07.2018 – Online verfügbar unter: https://t3n.de/news/eigentlich-ar-vr-1091195/
Teach First: https://www.teachfirst.de
Techniker Krankenkasse: Gesundheitsreport 2017 – Gesundheit von Auszubildenden. Online verfügbar unter: https://www.tk.de/resource/blob/2034300/af394d44838d941fb8025f90958a1e0a/gesundheitsreport-2017-data.pdf (letzter Zugriff: 14.01.2020)
u-form Einstellungstests: https://www.testsysteme.de/online-tests
u-form Testsysteme: Azubi-Navigator – https://azubinavi.de/ausbildungsmanagement
u-form Testsysteme: Azubi-Recruiting Trends 2019. Zusammenfassung online verfügbar unter: https://www.testsysteme.de/studie2019 (letzter Zugriff: 14.01.2020)
Uhly, Alexandra: Vorzeitige Vertragslösungen und Ausbildungsverlauf in der dualen Berufsausbildung. Forschungsstand, Datenlage und Analysemöglichkeiten auf Basis der Berufsbildungsstatistik. Wissenschaftliche Diskussionspapiere. Heft 157. Bonn: Bundesinstitut für Berufsbildung, 2015. Online verfügbar unter: https://www.bibb.de/dokumente/pdf/wdp-157_barrierefrei.pdf (letzter Zugriff: 14.01.2020)
van Egmond-Fröhlich, Andreas et al.: Übermässiger Medienkonsum von Kindern und Jugendlichen: Risiken für Psyche und Körper. Deutsches Ärzteblatt 2007. Online verfügbar unter: https://www.aerzteblatt.de/archiv/56968/Uebermaessiger-Medienkonsum-von-Kindern-und-Jugendlichen-Risiken-fuer-Psyche-und-Koerper (letzter Zugriff: 14.01.2020)
Vocanto GmbH: Prüfungs.tv – https://www.prüfungs.tv
Vocanto GmbH: Vocanto – https://vocanto.com/de
Walther, Petra: Glossar Agile Lernformate. Kurze Definitionen zu neuen Möglichkeiten, um Wissen in Unternehmen zu verbreiten. Personalwirtschaft, 2018. Online verfügbar unter: https://www.personalwirtschaft.de/personalentwicklung/weiterbildung/glossar-agile-lernformate.html (letzter Zugriff: 14.01.2020)
Winterhoff, Michael: SOS Kinderseele: Was die emotionale und soziale Entwicklung unserer Kinder gefährdet – und was wir dagegen tun können. München: btb in der Verlagsgruppe Random House, 2015
Zinn, Bernd: Bedingungsvariablen der Ausbildung 4.0 – Ausbildung der Zukunft. In: Journal of Technical Education, Bd. 3, 2015, H. 2

Stichwortverzeichnis

Die Autorin

Claudia Schmitz, Dipl.-Pädagogin, besetzt in der Ausbildungsszene die Themen Generation Z, Digitalisierung in der Ausbildung und neue, moderne Ausbildungsmethoden. Ihre Ausbildungsagentur Intercommotion fokussiert sich ausschließlich auf das Thema Berufsausbildung. Mit ihrem Team begleitet sie Unternehmen bei richtig guter Ausbildung und gestaltet gemeinsam mit ihnen eine zukunftsfähige (digitale) Ausbildung.

Bis heute unterstützte Intercommotion mehr als 360 zufriedene Kunden erfolgreich bei der Verbesserung ihrer betrieblichen Ausbildung. Auszubildende lernen in Trainings den Umgang mit Vorgesetzten, Kollegen und Kunden. Ausbilder und Ausbildungsbeauftragte werden zum »Digitalen Ausbilder« sowohl offline als auch online entwickelt und optimieren ihre Fähigkeiten, moderne Inhalte interessant und nachhaltig zu vermitteln. Zudem werden Ausbildungsleiter bei der strategischen Umsetzung von Digitalisierung, Azubi-Marketing, -Recruiting und -Bindung sowie bei der Verbesserung von Ausbildungsprozessen begleitet.

Sie ist mehrfache Buchautorin, gefragte Speakerin und publiziert in ihrem erfolgreichen Podcast »Ausbilder 4.0« regelmäßig aktuelle Inhalte rund um die Ausbildung. Als Vermittler zwischen den Generationen ist es ihr wichtig, allen Beteiligten in der Ausbildung die Angst vor der Digitalisierung zu nehmen und konkrete, umsetzbare Maßnahmen aufzuzeigen.

Claudia Schmitz unterstützt Ausbildungsbetriebe durch ihre junge, unkonventionell erfrischende Art, das etwas »verstaubte« Ausbildungsthema zu betrachten. Sie engagiert sich als Jugendschöffin am Landgericht Köln. Als »Mädsche« aus dem Rheinland lebt sie in ihrer Wahlheimat Köln und liebt natürlich den Kölner Karneval.

www.intercommotion.de